クリーンダッカ・プロジェクト

ゴミ問題への取り組みがもたらした
社会変容の記録

石井 明男・眞田 明子
ISHII Akio・SANADA Akiko

はしがき

　バングラデシュは1971年の独立当初より、貧困や脆弱なインフラ、頻発するサイクロンや洪水などの自然災害等、さまざまな課題を抱えてきた。1947年に英領インドから東パキスタンとして独立したが、政治的および言語的に真の独立を獲得するために独立戦争を経ねばならなかった。そうした困難な初期条件にもかかわらず、近年では、社会・経済の構造変化が進展し、年率平均6％以上の堅調な経済成長を続けている。また、日本を凌駕する1億6,100万人の人口と安価な労働力は、投資先・市場としても世界の注目を集めている。

　JICAは、バングラデシュが独立した2年後の1973年から、バングラデシュ政府に対する支援を継続して実施してきた。持続可能な経済成長の実現のため、運輸・電力等のインフラ整備に対する協力により産業基盤の構築に寄与するとともに、基礎教育、保健医療、農村開発、中央・地方政府の行政能力、災害対策等の分野に対しても多様な支援を行ってきた。

　国民の豊かさが増していくと必ず問題となるのがゴミ問題である。バングラデシュの首都ダッカもその例外ではない。JICAは、ダッカのゴミ問題の解決のために、短期専門家の派遣に始まり、技術協力プロジェクトの実施、青年海外協力隊員やシニア海外ボランティアの派遣、無償資金協力による機材の供与など、さまざまなスキームを組み合わせて取り組んできた。

　本書には、その取り組みの様子が、実際にこれらの協力に携わったコンサルタントの石井氏とJICAの眞田職員の目を通じて描かれている。問題解決に当たって、石井氏らが推進した住民参加アプローチには、1970年代に東京都清掃局の職員として「東京ゴミ戦争」に取り組んだ石井氏

の経験が生かされた。現地の人とともに知恵を絞り、辛抱強く取り組むことにより、家庭からのゴミの出し方という現地住民の生活習慣まで変えていくような社会変容を起こすことができた。そのダイナミズムをこの書籍から感じ取っていただければと思う。

　本書はJICA研究所の"プロジェクト・ヒストリー"シリーズの第17弾である。プロジェクト・ヒストリーシリーズは、JICAが協力したプロジェクトの歴史を、個別具体的な事実を丁寧に追いながら、大局的な観点も失わないように再構築することを狙いとして編集されている。そこには、著者からのさまざまなメッセージが込められている。バングラデシュを取り上げたのは、2014年に発刊された『いのちの水をバングラデシュに』以来2冊目で、廃棄物管理分野ではシリーズ初の刊行となる。是非、一人でも多くの方に、本書をはじめとするシリーズを手に取ってご一読いただければ幸いである。

　最後に、2016年7月に発生した「バングラデシュ・ダッカにおける襲撃事件」によってお亡くなりになられた方々のご冥福を心からお祈りします。

JICA研究所長
北野　尚宏

目次

はしがき……………………………………………………………… 2

プロローグ…………………………………………………………… 7

第1章
アジアに残された最大の懸念………………………………… 15
首都ダッカは世界有数の人口密度………………………………… 17
日本人専門家ダッカに降り立つ…………………………………… 24
見えてきた複雑に絡み合うさまざまな問題……………………… 27
「東京ゴミ戦争」の経験と住民参加型廃棄物管理……………… 35
マスタープランで示された4つの優先課題……………………… 38

第2章
プロジェクト始動……………………………………………… 45
マスタープランの実現に向けた助走期間………………………… 47
試される「空白の10カ月」………………………………………… 52
日本人専門家、再びダッカに降り立つ…………………………… 58
立ちはだかる現実―WBAという一つの結論 …………………… 60
【コラム】現地NGOを通じた医療廃棄物処理への協力………… 66

第3章
クリーンダッカへの道………………………………………… 69
WBAの核となった清掃事務所 …………………………………… 71
清掃員向けのワークショップ……………………………………… 76
住民の住民による住民のための廃棄物管理……………………… 83
定時定点収集の試行導入…………………………………………… 87
舞い込む朗報………………………………………………………… 93
コンパクターで潮目が変わった…………………………………… 104
【コラム】青年海外協力隊が住民らと排水路を清掃 …………… 110

第4章
処分場の改善と行政組織の改編 …… 111
悪臭を放つゴミ処分場………………………………………… 113
近代的な衛生埋立処分場に…………………………………… 117
オペレーションは俺たちの仕事じゃない⁉ ………………… 122
マスタープランで描いた組織改編…………………………… 128
新しい組織づくり……………………………………………… 132
「ゴミ収集」から「廃棄物管理」へ …………………………… 135
【コラム】廃棄物管理事業の実施組織………………………… 138

第5章
この取り組みから学ぶこと …… 141
プロジェクトの成果…………………………………………… 143
何がプロジェクトを成功に導いたのか……………………… 149
技術協力の可能性……………………………………………… 155

エピローグ……………………………………………………… 157

資料　対談：プロジェクトの命運を分けた「コンパクター導入」
石井明男 × 岡本純子 ………………………………………… 161

あとがき………………………………………………………… 170
年表……………………………………………………………… 174
参考文献・資料………………………………………………… 176
略語一覧………………………………………………………… 178

プロローグ

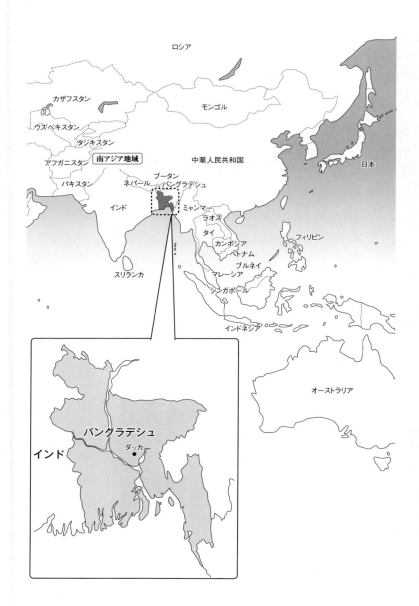

プロローグ

　廃棄物は"社会を映す鏡"といわれる。人間が生産と消費を繰り返す限り、そこには必ず副産物としてのゴミが発生する。先進国も開発途上国もそれは同じだ。ゴミの種類、ゴミの量、ゴミの出し方は、そこに暮らす人々の生活状況によって大きく異なる。公害や環境汚染、ひいては人々の健康にも深刻な影響を及ぼしかねないゴミをいかに管理するかで、その国や都市の行政能力や社会の成熟度が分かる。とりわけ途上国のゴミ処理の仕組みには、社会、習慣、文化、宗教、行政の在り方、住民意識など、さまざまな要素が絡み合っている。ゴミ問題の解決は、社会全体を変えていく取り組みともいえるのだ。

　世界では、人口の増加と経済成長に伴ってゴミの排出量が年々増加している。ゴミの排出量は2010年に年間104.7億トンだったが、2025年には148.7億トンに達するとの予測もある。開発途上国で排出されるゴミの量は、世界全体の56パーセントを占めており、これらのゴミを適切に処理していくことは、環境の観点からも重要である。一般に、途上国のゴミ処理には多くの課題がある。多くの都市では、急速に都市化や人口増加が進み、町中にゴミが散乱したり、不法投棄が増えたりし、それによる公衆衛生上の問題が顕在化している。また、ゴミの収集や運搬の仕組みが未発達であったり、ゴミが適切に処理されないまま野積み（オープンダンピング）されたり、有害廃棄物が適切に処理されていなかったりと、その国や都市の状況によって、解決が必要な課題は実にさまざまだ。

　数ある国際協力分野の中でも、ゴミの収集から最終的な処分に至るまで、「廃棄物管理」は取り組むべき課題や関係者が多く、難しい分野の一つである。それに真正面から取り組んだことで、廃棄物管理の改善だけでなく、社会そのものを変えていくことになったのが、バングラデシュの首都ダッカの取り組みである。

　独立行政法人国際協力機構（JICA）は、ダッカのゴミ問題に対して、2000年から15年以上にわたりさまざまな協力を行ってきた。一連の協力の

最後に行われたクリーンダッカ・プロジェクトの最終報告会で、JICAはこのプロジェクトを「廃棄物管理に関わるすべての活動を盛り込んだ、他の廃棄物管理案件と比べてみても類を見ない案件である。活動を詳細に見ていくと、それぞれに今後他の案件へ活用できる重要な教訓がたくさんある」と総括している。本書の趣旨はまさにここにある。英国の経済紙エコノミストが「住みやすさ」を数値化したランキングで、ワースト2位となったこともあるダッカのゴミ問題の実態はどのようなものだったのか、ゴミ問題の解決に向けて関係者が何にどのように取り組んだのか。本書ではこれを明らかにし、同じくゴミ問題を抱える他の開発途上国に教訓を残し、廃棄物管理分野における国際協力の可能性を示していきたい。

　本書のストーリーの展開は、第1章から第3章まで日本による廃棄物管理の取り組みを時系列に記し、第4章では、その中で進められた最終処分場の改善とダッカ市の組織改編について別立てにしてまとめた。また、第5章では一連の取り組みの成果を振り返り、そこから教訓を抽出している。

　本文に入る前に、ここで本書に登場する主な人物を紹介したい。

JICA専門家

石井　明男
本書の筆者。
東京都に23年勤めた後、廃棄物分野の開発途上国支援の仕事に転身。2003年に始まったマスタープラン調査に収集運搬分野担当の調査団員として参加し、その後のクリーンダッカ・プロジェクトにも収集運搬担当の専門家として従事。同プロジェクトの延長期間中には総括を務めた。現在、八千代エンジニヤリング株式会社に所属。

岡本　純子
マスタープラン調査に住民参加分野担当の調査団員（当時、株式会社パシフィックコンサルタンツ・インターナショナル所属）として参加。その後のクリーンダッカ・プロジェクトでも住民参加を担当する専門家として、参加型廃棄物管理の仕組みづくりに取り組んだ。現在、株式会社オリエンタルコンサルタンツグローバルに所属。

プロローグ

阿部　浩 マスタープラン調査に最終処理・処分分野担当の調査団員として参加。処分場の改善事業や運営・維持管理の指導を行った。当時の所属は八千代エンジニヤリング株式会社。2015年11月に同社を退職。

齋藤　正浩 阿部とともにマスタープラン調査では最終処分分野担当の調査団員として参加。クリーンダッカ・プロジェクトにも最終処分分野の担当専門家として派遣され、処分場の改善や運営・維持管理の能力強化に取り組んだ。八千代エンジニヤリング株式会社に所属。

モハマード・リアド クリーンダッカ・プロジェクトから参加した廃棄物の専門家。専門家チームの副総括として、プロジェクト活動の全体を支援。当時の所属は八千代エンジニヤリング株式会社。現在はフリーランスの廃棄物分野のコンサルタントとして、中東、スーダン、大洋州などで活躍。

荒井　隆俊 クリーンダッカ・プロジェクトの途中から、無償資金協力で導入される新しい収集車を効果的に活用するために、収集運搬分野担当の専門家として派遣された。八千代エンジニヤリング株式会社に所属。

ショリフ・アラム  マスタープラン調査とクリーンダッカ・プロジェクトに現地スタッフとして参加し、住民参加促進の活動を中心に担当した。マスタープラン調査後の10カ月間は、JICAの現地専門家としてダッカ市に対する支援を行った。現在もダッカを拠点に廃棄物の専門家として活躍。

JICA職員

眞田　明子

もう一人の筆者。
JICAバングラデシュ事務所員として2005年2月に同国に赴任。マスタープラン調査やクリーンダッカ・プロジェクトのJICA担当者として関わった。帰国後も、JICA本部側の担当者となり、合計約6年ダッカのゴミ問題に関わる。

ダッカ市職員

ソエル・
ファルキ

2003年にマスタープラン調査が始まった当時のダッカ市清掃局長。クリーンダッカ・プロジェクトの立ち上げにも尽力し、ダッカの廃棄物管理を大きく前進させる原動力となった。

タリク・
ビン・
ユスフ

ダッカ市技術局の技術職員。マスタープラン調査の終盤でイギリス留学から帰国し、マスタープラン調査とクリーンダッカ・プロジェクトに参加。マトワイル処分場の改善事業ではプロジェクトマネージャーを務めた。

アブドル・
ハスナット

ダッカ市技術局の技術職員。マスタープラン調査とクリーンダッカ・プロジェクトでは主に収集改善を担当。ダッカの廃棄物管理全体を強化する必要性を理解し、廃棄物管理局の設立のためにも奔走した。

ショフィクル・イスラム		ダッカ市清掃局の清掃監督員。ワード33を担当。2003年のマスタープラン調査のころから、住民参加型廃棄物管理の中核として活躍した。
アブドゥール・モタレブ		ダッカ市清掃局の清掃監督員。ワード36を担当。2003年のマスタープラン調査のころから、ショフィクルとともに住民参加型廃棄物管理の中核として活躍した。
アミヌル・ラフマン・ビスワス		ダッカ市清掃局の清掃監督員。ワード45を担当。2003年のマスタープラン調査のころから活動に参加。リサイクルや分別に関心が高く、一次収集業者を巻き込んだ廃棄物管理の仕組みづくりに貢献した。

イラスト協力：矢島洋子

第1章

アジアに残された最大の懸念

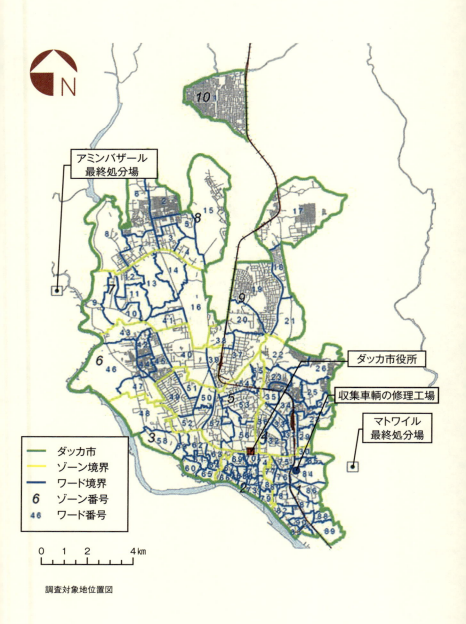

調査対象地位置図

首都ダッカは世界有数の人口密度

　バングラデシュ・ダッカ。こう聞いて何を想像するだろうか。ここ数年のバングラデシュの目覚ましい経済発展、自然災害の多さ、ノーベル平和賞に輝いたグラミン銀行のムハマド・ユヌス氏、ベンガルカレー、人の多さ、イスラム教——。きっと人それぞれ、バングラデシュのさまざまな一面を思い浮かべるに違いない。

　バングラデシュは南アジアに位置し、インドとミャンマーに国境を接する人口約1億6,000万人の国である。ダッカはその首都で、東京都23区の5分の1ほどの面積に1,760万人がひしめく、世界有数の人口密度の高い都市だ。国土はガンジス川河口のデルタ地域に広がっているため、その90パーセントは標高10メートル以下の低地となっている。雨も多い。雨季になると毎年、洪水に見舞われる。雨季でなくとも、少し雨が降れば排水溝があふれ、すぐに膝まで浸水してしまう。

過密化が進む首都ダッカ

ミャンマーとの国境沿いのチッタゴン丘陵地帯には、チャクマ族などを中心とした仏教系の少数民族が居住しているが、首都ダッカで暮らしているのはほとんどがベンガル人だ。ベンガル人は他の南アジア諸国の人々に似て、浅茶色の健康的な肌と黒い髪を持つ。彼らは総じて人懐こく、穏やかである。今ではユニクロの工場が進出し、日本人駐在者も増えたが、日本がダッカのゴミ問題に対する協力を本格化させた2003年当時は、アジアで唯一『地球の歩き方』(ダイヤモンド社)がない国で、外国人旅行者はおろか、バックパッカーさえもあまり見かけなかった。外国人がよほど珍しいのか、町を歩くと多くの人に子どものような目でじっと観察されたものである。にわか芸能人のような感覚になり、しばらくするとそれにも慣れてしまう、そんな日常生活だった。

　そんなバングラデシュの人々はとても親日的だ。その理由の一つとして考えられる歴史的なエピソードがある。バングラデシュは、1947年の印パ分離独立時に、同じイスラム教国であるパキスタンに東パキスタンとして一時帰属することになったが、ベンガル人としてのアイデンティティーを訴えた独立戦争を経て、1971年に独立を果たした。その際、主要国に先駆けてバングラデシュを国として承認したのが、ほかならぬ日本だった。バングラデシュを訪れた日本人が「バングラデシュの人々は驚くほど友好的だ」というのには、ほかにも訳がある。バングラデシュの人々の心の中に日本の製品や技術に対する信頼感や憧れがあり、それを強く感じられるためだ。

　バングラデシュの宗教は、イスラム教徒が約9割と大半を占め、穏健派のイスラム国家といわれている。その他、ヒンズー教徒が1割弱、仏教徒やキリスト教徒の国民も少数ながら共存している。

　経済面では、好調な縫製品の輸出、安定した海外労働者からの送金、比較的バランスのとれた産業構造などに支えられ、2016年の経済成長率は7.11パーセントと高い伸びを示している。アメリカの大手証券会社は、バングラデシュをBRICSに次ぐ新興経済国である「NEXT11」の一つに挙げている。世界銀行のデータによると、一人当たりのGDPも2000

第1章　アジアに残された最大の懸念

オールドダッカと呼ばれる旧市街

年には406ドルだったものが、2015年には1,211ドルにまで増加するなど、順調に成長している。このような国の発展は、個人の生活にも影響を及ぼしている。特に首都ダッカでは中間層も出現し、海外からの輸出品も町にあふれるようになり、他の新興国と同じような生活スタイルを謳歌する若者も多い。しかし、こうした発展の裏側で、気がつかないうちに進行しているものがあった。それがゴミ問題だ。

リキシャと人で混み合うオールドダッカの市街地

開発途上国のゴミ問題に取り組む日本の関係者の間で"アジアに残された最大の懸念"と評されるほど、ダッカの廃棄物管理は立ち遅れていた。廃棄物管理とは、人の営みの中で発生するゴミを回収し、環境に極力負荷がかからない方法で処理・処分する一連の流れを適切に管理することで、これは行政の基本的なサービスの一つだ。当時のゴミ処理の実態や行政の対応について触れる前に、バングラデシュにおけるゴミ処理や衛生管理の歴史を簡単に振り返ってみたい。

　バングラデシュが位置する東ベンガル地方では、古くから文明が発達してきた。紀元前10世紀にはすでに、住民による自治組織が形成されていたといわれている。8世紀中半にパーラ朝が北東インド一帯を支配し、仏教王朝が栄えたが、12世紀にヒンズー教のセーナ朝にとって代わられる。イスラム王朝であるムガル帝国による統治が始まるのは17世紀初頭だが、ヒンズー教の支配が始まった12世紀にはイスラム教が侵入してきていた。ヒンズー教からイスラム教への変化に伴うさまざまな社会的軋轢(あつれき)の中で、人々は情緒的に、また経済的に相互に助け合う必要に迫られた。そうした中で発達した相互扶助や互恵の精神は、やがて宗教的規範として人々の間に定着していった。

　公共サービスとしてのゴミ処理は、ムガル朝の1700年にすでに始まっていた。衰退するムガル帝国に代わって、1757年に英国がプラッシーの戦いを経てベンガル地域を軍事的に支配し、1765年には東インド会社が徴税権を獲得するなど、実質的な行政権を手中に収める。その後の同地域のゴミ処理は、英国人の郡長官の下で治安維持を担っていたコトワルと呼ばれる警察長官に委ねられた。警察長官がゴミ処理を担当するというのは、現代の私たちからすると奇異に感じるが、治安、衛生、ゴミ処理など、広い意味で町全体を平穏に保つことがコトワルの役割だったのだろう。ただし、英国支配の下でその職務はごく一部に限られ、十分なサービスが提供されていたわけではなかった。その後、1814年にコトワルのポストが廃止

されると、それに代わるポストが設けられず、公共サービスとしての清掃・ゴミ処理は、実質的にはほとんど行なわれなくなった。

1820年にダッカに町委員会が設けられるが、そのころのダッカは極めて衛生状態の悪い都市になっていたという。それが、1864年の都市改革法に基づくダッカ市の誕生に伴って、町委員会はダッカ市委員会に格上げされ、ゴミ処理や衛生管理といった公共サービスを行う部署が設置された。

1971年に内戦を経てバングラデシュが独立すると、ダッカは首都となった。その数年後、1977年に自治体条例が制定され、ゴミ処理や清掃事業は自治体の責任で行うよう定められ、翌1978年には100年ほど続いたダッカ市委員会はダッカ市地方自治体となり、その後、1990年にダッカ市自治体（ダッカ市）となった。

法的には自治体がゴミ処理や清掃を行うことになってはいたものの、日本が協力を開始した2003年当時、ダッカの人口は公式には800万人、登録さ

河川に投棄されたゴミ（2003年撮影）

れていない農村部からの流入人口も含めると、実際の総人口は1,200万人にも上るといわれていたころで、ゴミの量は年々増加していた。そのゴミの排出量は1日当たり3,200トンで、収集率は44パーセントと、ダッカで発生したゴミの半分以上がどこに行ったのか分からない状態だった。また、ダッカは首都であるにもかかわらず、ゴミの収集が行われない地域も多かった。貧しい人たちが多く暮らす地域などは、近くの空き地や湖沼、河川などにゴミが投棄され、常に異臭を放っていた。また、市街地にもゴミが溜まったり散乱したりしている所が無数にあり、非常に不衛生な状況をつくりだしていた。

　ダッカの市民1人当たりが出すゴミの量は、1日当たり0.34kgであり、この数字は周辺の国々と比べると実は少ない方である。ゴミの発生量の少なさは、どちらかというと貧しさを表している。一般に、生活が豊かになると、それに伴い生活スタイルが変化し、有機ゴミ（生ゴミ）以外のゴミの割合が増え、ゴミの組成が複雑になる。先進国は紙ゴミやプラスチックゴミが多いのに対して、ダッカで発生するゴミの約60パーセントは有機ゴミだ。日本のように焼却処理をすればゴミの埋立量は減るが、ダッカでは費用の面から焼却処理をすることは難しく、埋立地が不足するなどの問題も起きていた。

　ダッカの住民は、町中にあるコンクリートブロックやレンガで囲っただけのダストビンと呼ばれる簡素な集積所や収集コンテナにいつでもゴミを捨てられるようになっていた。日本のようにゴミをビニール袋に入れて捨てるのではなく、そのままダストビンやコンテナに投げ込むのである。敬虔（けいけん）なイスラム教徒が多く住む地域では、女性はあまり外出しない。そのため、家庭から出たゴミは子どもたちが捨てにくる。比較的豊かな地域では、雇われたメイドかボーイがゴミを出す。昔は空き地が多くあり、有機ゴミをその辺にポイッと捨てても、ヤギや牛が食べてくれたという。しかし、急激な人口増加で今や世界有数の人口密度の高い都市となったダッカには、近所にゴミを放置しておける空き地などはなく、ヤギや牛が食べてくれる量をはるかに超えていた。また有機ゴミ以外のプラスチックなどのゴミが増えて、道路の排水溝

第 1 章 アジアに残された最大の懸念

ダッカ市内に設置されているゴミ収集用のコンテナ（2003年撮影）

コンクリートブロックの囲いが壊れたダストビンの周囲にはゴミが散乱している（2003年撮影）

に投げ入れられたゴミは水路を詰まらせ、雨が降れば町中が浸水する原因になっていた。

日本人専門家ダッカに降り立つ

　ダッカの廃棄物問題に最初に関わったのは、アジア開発銀行（ADB）だった。ADBは、1988から1997年まで、都市環境および都市貧困層の生活環境を改善するための資金協力を行った。その中の一つの柱が、ダッカ市の公共サービス向上に対する協力だった。このプロジェクトでは、ゴミを収集するコンテナや車両などが供与された。

　しかし、ADBはその事後評価で、十分な廃棄物収集サービスの改善は見られなかったとし、「廃棄物管理の全体的な向上のためには、機材供与に加え、組織体制・制度の整備を含むダッカ市の組織強化、ダッカ市職員の能力強化が必要であり、さらに、住民の意識や習慣を変えて協力を得ていく必要がある」と指摘している。

　また、1998年からは現地NGOを通じて、国連開発計画（UNDP）のプロジェクトが実施された。この中では、一部のコミュニティで回収した生ゴミのコンポスト化（肥料化）に取り組み、ゴミの減量に貢献するなどの成果を収めたが、市全体の廃棄物管理を改善するまでには至っていない。

　こうした状況の中で、ダッカのゴミ問題の根本的な解決に向けて現状を把握するために、日本の援助実施機関である独立行政法人国際協力機構（JICA）はバングラデシュ政府からの要請に基づき、2000年3月に廃棄物の短期専門家を派遣することになった。8月までの約半年間、専門家はダッカ市内を見てまわり、ダッカ市の職員と協議しながら、現状と課題を確認していった。そして報告された調査結果は、その時点でダッカ市が自らの力で廃棄物管理の仕組みを改善していくのは困難であったことを示していた。

　ダッカ市には廃棄物管理を一元的に担当する部署が存在せず、町中の

ダッカ市の組織図(2003年当時)

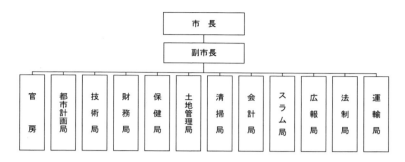

清掃、ゴミ収集と運搬、最終処分場での埋め立てなどの業務が、それぞれ異なる部署で独自に行われていた。相互の連携はなく、ゴミの発生量や処分量など廃棄物管理の基礎となる情報も記録されていなかった。廃棄物管理全体にかかる費用も集計されておらず、誰も全体を把握していなかったのだ。もちろん、将来の人口やゴミの発生量の予測に基づく廃棄物管理の将来計画といったものも存在しなかった。ダッカのゴミ問題を解決するためには、組織体制、マネジメント、財政、将来計画、住民との協力など、組織の強化と職員の基礎的能力の強化が不可欠な状態だった。

「もはやこの状況を放置しておくことはできない」

約半年間の短期専門家による調査結果を踏まえ、国際都市に成長しつつある首都ダッカのゴミ問題を解決するために、2001年、バングラデシュ政府は日本政府に対し、廃棄物管理の改善に関する支援を要請したのだった。

この要請を受け、JICAは将来のダッカを見据えた廃棄物管理の基本計画(マスタープラン)を策定するため「ダッカ市廃棄物管理計画策定調査」を実施することになった。このマスタープラン調査が開始されたのは2003年11月。廃棄物管理の専門家である石井明男ら日本人専門家がダッカに降り立った。

石井は元東京都の職員で、在職中の大半は清掃事業や清掃行政に携わった。最初に配属された職場は江戸川清掃工場で、ここでは工場の維持管理や焼却炉のオペレーション業務に携わった。その後、1982年に稼働した杉並清掃工場に初代職員として赴任した。石井は、ゴミ清掃施設の建設部門、清掃工場の維持管理を統括する部門、清掃事業の廃棄物処理計画などを担当する部門などを経験した。また、在職時にはJICAの専門家としてインドネシアの公共事業省に3年間派遣され、インドネシア全土で廃棄物行政指導を行った経験も持つ。このことがきっかけとなり、2000年に23年間勤めた東京都を退職し、開発途上国の廃棄物管理の仕事に軸足を移すことになる。その後、中近東のパレスチナやアフリカのスーダン、南スーダンなどで、廃棄物管理分野の専門家として多くの現場に携わってきた。

　こうした石井をはじめ、マスタープラン調査に参加した日本人専門家は総勢12名。調査団のメンバーは、まず、ダッカで排出されるゴミの量や種類、各家庭でのゴミの出し方や収集・運搬の状況など、詳細な現状調査を行った。その中で分かってきたのが、先に紹介したゴミの排出量、収集率、ゴミの組成などだ。この現状調査を踏まえて、ダッカの将来の人口を推計し、生活様式の変化、収集地域の拡大、経済状況などの想定に基づいて、将来のゴミの収集量や収集率などの目標を設定し、さらにその目標を達成するためダッカ市が実施すべき施策を取りまとめたものがマスタープランである。

　JICAは、このようなマスタープラン調査を多くの開発途上国で実施してきたが、今回の特徴は、調査や計画策定を行う過程でダッカ市の職員の能力強化を強く意識したことにある。ダッカ市の廃棄物管理を改善していくためには、ダッカ市の組織体制を変えていく必要があり、またダッカ市の職員はこれまで総合的な廃棄物管理を行った経験がないことから、人材育成も行っていく必要があった。そこで、マスタープラン調査の現状調査や

計画づくりといったすべてのプロセスを、調査団とダッカ市の職員が協働で行うことにした。また、パイロットプロジェクトを実施し、マスタープランで提案する内容を実際に行い検証するとともに、マスタープランを実現するために不可欠な市職員の実施能力と自主性を育てることを重視した。

　パイロットプロジェクトとして行われた活動の1つ目は、住民参加型廃棄物管理の組織づくり、2つ目は廃棄物管理を適切に効率よく行っていくための情報やデータの収集と報告の仕組みづくりであった。この2つ目をパイロットプロジェクトの中に入れ込んだのは、ダッカ市は上から下への指示命令系統はしっかりとしている反面、下から上へ報告を上げる仕組みが曖昧だったためである。

　マスタープラン調査の開始前、バングラデシュ政府の要請に基づいて調査の枠組みをダッカ市とJICAが協議をした際に、ダッカ市側からこんな発言があった。

　「調査や計画は短期間でお願いしたい。必要なのは今集められていないゴミを集める収集車だ。収集車さえあればダッカのゴミ問題は解決できる。収集車を調達するための資金援助をお願いしたい」

　当時のダッカ市は収集さえきちんとすれば問題は解決すると考えており、ゴミ問題の本質を理解していなかった。そこで調査団メンバーは、しっかりとした現状把握と将来を見据えた計画づくりや、住民から市職員まで廃棄物管理に関係する人々の意識を改革していくことの重要性を何度となく説明した。ダッカ市の関係者が、こうした調査団メンバーの話を真に理解するのは、さらに先の話である。

見えてきた複雑に絡み合うさまざまな問題

　調査団が足で収集した情報や資料は相当な量に達した。ダッカのゴミ処理や収集運搬に関する基本法は、ダッカ市自治体令（1983年8月24日公布）である。この自治体令に、「ダッカ市は（ゴミ回収用の）ダストビン

ダッカ市のゴミ排出・収集運搬・処分の仕組み

もしくはコンテナを適切な場所に設置することができる」と規定されている。住民の役割は、各家庭からダストビンもしくはコンテナまでゴミを運ぶことにある。これを一次収集という。これに対してダッカ市は、ダストビンもしくはコンテナから最終処分場まで、ゴミを収集運搬する責任を持つ。これが二次収集と呼ばれるものだ。一次収集は住民が、二次収集は行政がというように、それぞれが自分の役割を果たすことで、ダッカで発生したゴミが適切に収集されることになる。また、処分場を設置し、ゴミの処理・処分を行うこともまた、行政側が行わなければならないことになっている。

しかし、実際はダストビンやコンテナが家の近くにないところも多く、その場合は家の前の道路や近くの空き地、沼や湖、河川、排水溝などにゴミが捨てられてしまう。また、ダストビンは24時間ゴミを出すことができるため、常にその場所にゴミが存在することになり、周辺環境を悪化させる原因となっていた。市の清掃局に所属する清掃員がゴミを収集車両のトラックに積み替える際は、手で直接ゴミに触れるため、極めて不衛生な作業を強いられていた。しかも手作業なので、積み替えに1カ所1時間以上もかかることがあり作業効率も悪かった。

また、ダッカのゴミ収集の特徴として、一次収集業者の存在が想像よりも大きく、そこには既得権益や利害関係が複雑に絡み合っていることも分かってきた。一次収集業者は、コミュニティをベースとした組織や個人事業主などで、有料で各家庭からゴミを集め、ゴミ捨て場であるコンテナやダ

一次収集業者が使っているリキシャバン

ストビンまで運んでいる。料金は極めて安く、だいたい月に10〜20タカ程度（20〜40円程度）だ。ダッカにはリキシャバンと呼ばれる後部に大きな箱が付いた自転車が常時4,000台ほど走っているが、その多くはこうした一次収集業者のものだ。この一次収集業者の中には、各家庭から得ている料金に加え、ゴミの中から紙やプラスチック、ガラス、金属などの有価物を集め副収入としている者も多い。

もっとも、ダッカには一次収集業者とは別に、こうした有価物を拾い集めて生計を立てているウェイストピッカーと呼ばれる人々が数多くいる。他の国では埋立地が彼らの活動の場となっているが、ゴミが散乱するダッカでは町中が彼らの仕事場となっていた。ウェイストピッカーが有価物を積極的に拾っていくので、ゴミが埋立地に運ばれてきたときには、鉄くずなどの価値の高い有価物はもちろん、手の拳以上の大きさの紙ゴミさえもなかなか見当たらない。ダッカでは、それほど丁寧に有価物が拾い集められているの

ダッカ市内のいたるところでゴミの中から有価物を拾い集めるウェイストピッカーの姿を見掛ける

不衛生で危険なゴミ処分場でも多くのウェイストピッカーが有価物を拾い集めている(2005年撮影)

だ。集められた有価物を仲買する業者もたくさんいて、自然にリサイクル市場ができあがっている。

ダッカの旧市街に当たるオールドダッカには、こうした有価物を集め、加工する小さな工場が軒を連ねている。粗悪品ではあるが、集められたプラスチックで加工用のチップが作られていて、さらにそのチップを原料に、バケツ、容器、ザルなどを作る工場もある。また、集めた資源ゴミをインドや中国に輸出するルートも存在する。

回収したプラスチックゴミを運ぶ業者

他方、二次収集を担う収集車両を管理・運用しているのは、ダッカ市の運輸局だ。運輸局は、266人の運転手と343台のゴミの収集車両を保有していた。しかし運輸局は、ゴミの収集率を向上させて、ダッカの廃棄物管理を適切に行うという意識に乏しく、収集車でゴミを収集してさえいればよいというスタンスだった。また、収集車両の運行状況を管理しておらず、運輸局の職員はJICAのマスタープラン調査に協力的ではなかった。そこにはこんな事情があった。

標高が低く毎年のように洪水に見舞われるダッカでは、土地をできるだけ高く造成する必要があるが、土や石の値段が高い。そこで、土地の所有者が、土地を造成するために低地や沼地などにゴミを不法に投棄するよう収集車の運転手にお金を払い、依頼することがある。ゴミ収集車の運転手にとっては副収入となる。これだけではない。ゴミを収集するために、市

は収集車の運転手に対して郊外の埋立地までのガソリン代などを経費として支給していたのだが、マスタープラン調査を進めていく中で、50パーセント近い収集車が市から経費を受け取っているにもかかわらず、最終処分場までゴミを運んでいないことが分かった。また、各車両の距離メーターは取り外されているか、付いていても壊れているため、走行距離も確認できない状態だった。ゴミ収集車の運転手は本来定められたゴミの収集運搬業務をしっかりとやっていないか、あるいは収集をしても最終処分場までは運搬せずにどこかに投棄しているという実態があり、それが収集率44パーセントという低い数字になって現れていたのだ。

こうした既得権益や利害関係以外にもさまざまな問題があった。マスタープランの調査が始まった2003年当時、ダッカ市は廃棄物を適正に管理していくことをさほど重要視してはおらず、収集機材は古く、人材も乏しかった。廃棄物管理は系統立てて実施されておらず、ゴミを収集し埋立地に運べば役割は終わりと考えられていた。収集車両は運輸局が管理し、清掃監督員や清掃員は清掃局が管理し、処分場は技術局が管理するというように、異なる監督局の下でバラバラに事業が行われていたため、問題点がどこにあるのか分からない状態だった。さらにいえば、たとえ問題が分かったとしても、横の連携がない縦割りの組織では、ダッカのゴミ問題の解決方法を見出すのは簡単ではなかった。

ダッカ市の清掃局が市内に90あるワード（区）に配置している清掃監督員の仕事は、担当ワード内をバイクで回って、同じく市の清掃局に所属する清掃員がゴミを集める作業を監視・指導することだった。地域によって収集サービスに違いがあり、貧しい人が多く暮らす地域は軽視されていることも分かってきた。サービスが行き届いていないと思われる地域で住民に話を聞くと、ほとんど収集車は来ないという。裏道に入ると道はゴミで埋まり、足首の高さまで達していた。住民は平然とゴミの上を歩き、子どもたちはそこで遊んでいた。

特に旧市街地であるオールドダッカのコンテナは古く、壊れているものも多いため、収集に支障をきたすことがあった。そこで、石井がダッカ市の清掃局に対策の必要性を訴えても、「あそこはあれでいいんだ」という言葉が返ってくるだけだった。清掃監督員には、オールドダッカ地域からダッカ中心部のワードに配置換えになると栄転扱いされるなど、配属地域によって暗黙のランクがあった。

　さらにマスタープラン調査では、住民のダッカ市に対する不信感や非協力的な姿勢、一次収集の責任の所在の曖昧さなども見えてきた。例えば住民らがゴミが集められていないという状況を訴えたいと思っても、窓口がない。迷った末に、各ワードのコミッショナー（区長）に訴える。するとコミッショナーは市の清掃局長に直接報告する。結果、現場の清掃監督員や清掃員が上司から叱責を受ける。いつもこの繰り返しで、事態が改善されることはなく、住民と現場のダッカ市職員の双方に不信感が蓄積していった。「住民サービス」の歯車がまったくかみ合わない状況で、清掃監督員や清掃員は自信もやる気も失い、住民は清掃監督員や清掃員を軽視するようになっていた。

　もともと住民には、歴史的にゴミの処理やそれを生業とする人たちに対する差別的な意識が根底にあり、廃棄物管理に対して住民の協力や参加を求めていくには大きな意識変革が必要だった。どの国でも同じだが、ゴミを適切に処理していくためには、ゴミの排出者である住民自身の協力が不可欠なのである。

　加えて、ゴミの処分場もまた大きな問題を抱えていることが分かった。行政が担う二次収集の公式な最終処分場は、市の東部に位置するマトワイル処分場であった。しかし実際には、非公式なベリバンドとウッタラを加えた3つの処分場を使っていた。調査時には、マトワイル処分場の広さは20ヘクタールで1日に282台の収集車が、ベリバンドは4ヘクタールで1日に138台の収集車が、ウッタラは1ヘクタールで1日に18台の収集車がゴミを搬入

マスタープラン調査が開始された当時のマトワイル処分場は作業道路にまでゴミが散乱していた(2003年撮影)

マトワイル処分場に野積みされたゴミは不安定で倒壊する危険もあった(2005年撮影)

していることが分かった。3カ所ともただゴミを捨てるだけの場所で、強烈な悪臭を放っていた。風が吹けばゴミは周囲に飛散し、ゴミから出た汚水を集める集水管はなく、汚水処理もされていなかった。処分場の周りに土手があったのはマトワイル処分場だけで、その他2カ所は、野積みされたゴミから出た汚水はそのまま周辺の河川に流れ込んでいたのである。

「東京ゴミ戦争」の経験と住民参加型廃棄物管理

　現地で調査を進めていく中で、次第に関連するデータが集まり、ゴミ問題の輪郭が見えてきた。2004年4月、どういうマスタープランをつくっていくか、調査団のメンバーが集まり検討会が開かれた。

　マスタープラン調査が始まる前に、日本でJICAや外務省と行った会議では、「住民参加型の廃棄物管理」という全体の方向性は示されていた。関係者の間では、廃棄物を適切に管理するためにはゴミの排出者である住民の理解と参加が不可欠であり、特に町中でのポイ捨てが当たり前の風景となっていたダッカでは、住民や社会全体の意識を変えていくことが重要であるとの共通認識があった。そのため、この調査団内で開かれた検討会では、より具体的に、どのような形でこの住民参加型の廃棄物管理を実行していくのかが焦点となった。

　これまでいくつかの開発途上国で廃棄物管理のマスタープランにかかわってきた阿部浩が、「廃棄物管理マスタープランを策定しただけでは不十分。その計画が現地の人たちによって実行されなければ意味がない」と切り出した。阿部は、マスタープランに対する現地側のオーナーシップ（主体性）が十分でなければ計画は実現しないという問題意識を持っていた。計画を実行するための予算の不足は多くの都市に共通した課題だが、家庭からのゴミ出しから収集・運搬、処分場での埋め立てまで、廃棄物管理全体を責任持って担っていける人材が育っていないことが、さらに大きな問題だという。マスタープランをつくり、ゴミを収集するための車両などを

整備しても、人材が育っていなければ将来にわたってゴミを適切に管理・処理していくことはできない。そのため、マスタープラン調査では行政側の人材育成も一緒に行っていく必要があるという意見だった。

　また、住民参加の専門家である岡本純子からは、「参加型といっても、ダッカの人たちの気質や文化、社会的な背景を踏まえたものでなければ、本当の意味での『参加型』にはならない」という指摘があった。岡本は、ダッカ市が住民参加型の廃棄物管理を実施していくためには、まずは、ダッカ市側が住民と対話する機会をつくっていく必要があると考えていた。それは、ゴミ問題は一部の意識の高い住民がいれば解決できるわけではなく、一人一人、すべての住民が意識して正しくゴミを出すようにならなければ解決しないからだ。

　石井は、参加型廃棄物管理の計画を考える際には、複雑に絡み合っている既得権益や利害関係のほか、貧困層やウェイストピッカーといった社会的弱者への影響にも注意していかなければならないことを伝えた。このほか、この検討会の場で住民対話に取り組むダッカ市の職員をサポートするために、青年海外協力隊を派遣する案なども出された。

　このマスタープランの検討会での岡本の発言は、石井の中にある遠い日の記憶を鮮明に思い起こさせた。日本の首都である東京も、高度経済成長の過程で大量のゴミと格闘してきた。東京都が清掃事業を行っていく上で「住民参加」に目を向けるようになったのは、"東京ゴミ戦争"がきっかけとなっているのだ。

　当時、東京ではゴミの量が増え、プラスチックが増えるなどゴミの組成も変わり、これまでの施設では処理しきれなくなっていた。それでも杉並の住民は杉並区内に清掃工場を作ろうとせず、ゴミ処理を江東区に任せようとしたため、江東区はゴミの受け入れを拒否。杉並には行き場のないゴミが溢れた。当時の美濃部東京都知事は、1971年9月に都議会で「ゴミ戦争宣言」をし、危機的な状況にあることを世に訴えた。

当初、杉並の住民は、杉並区で発生するゴミを江東区で処理することに対してあまり疑問を感じていなかった。しかし、「ゴミ戦争」に関する多くの報道や住民集会などを通して、ゴミ問題を自分の問題として理解し、最終的には杉並清掃工場の建設が合意された。つまり、住民から理解が得られたことが、問題解決につながったのだ。国際協力の世界で「住民啓発」という言葉がよく使われるが、東京ゴミ戦争の事例はその意味するところを示している。東京で自分の区で発生したゴミは自分の区で処理するという「自区内処理」の考え方が住民にも浸透し、住民が自らの責任でゴミ処理に取り組む基本姿勢が生まれたのも、このゴミ戦争がきっかけだった。
　日本の清掃事業史に残るこの東京ゴミ戦争が1974年に和解したことで建設されたのが杉並清掃工場である。1977年に石井は東京都の職員として採用され、杉並清掃工場が稼働した1982年に初代職員として配属されており、このころの社会の変化を経験していた。
　社会が変化していくことでゴミ処理の流れが変わっていく。生活が豊かになりゴミ量が増え、ゴミの質が変わっていく中で、ゴミ処理はその時々に応じた変化を迫られる。ゴミ処理はゴミを集めるだけでは解決しない。住民の理解を得ながら進んでいく必要があるのだ。また、生活のレベルが向上し、ゴミの量が増加し種類も多様化するにつれ、それに応じた埋立地や処理施設なども必要となるが、それは住民が納得し理解が得られるものである必要がある。
　東京ゴミ戦争の経験をダッカに生かせないか――。
　こう考えたとき、石井の脳裏に浮かんだのが「技術職員」の存在だった。これまでダッカ市の清掃局に所属していたのは清掃監督員と清掃員で、根本的なゴミ問題の解決のためには、埋立地の設計や建設のほか、その後の維持管理ができる技術職員が必要だ。これまでは、町中の清掃を清掃局の清掃監督員と清掃員が行い、ゴミ収集と運搬を運輸局が行ってきたが、ただ単にゴミを集めて処分場へ運ぶだけが廃棄物管理ではな

い。ダッカのゴミ問題は、都市の成長とともに深刻化し、技術職員の力を必要とするステージに入っていた。ダッカ市では力がありエリートである技術局に所属する技術職員の協力を得られるかどうか、そこに問題解決の糸口があるように思えた。

調査団内でのさまざまな議論を踏まえて、マスタープランではまずダッカ市側のオーナーシップ（主体性）を前提に、「住民参加を推進し、住民に廃棄物管理を自分の問題として考えてもらう」、「技術職員を巻き込んでいく」という方向性が決まった。

マスタープランで示された4つの優先課題

マスタープラン調査のパイロットプロジェクトとして、ダッカ市の職員は初めて住民による一次収集の改善に取り組んだ。一口に一次収集といっても、その地区によって業者は異なり収集の仕方もまちまちである。日本とは異なり、ダッカにはワードなどの行政区分とは別のさまざまな住民組織やネットワークが混在しており、それらが一次収集を担うケースも少なくない。

日本人が考えるコミュニティを「一定の居住地単位の組織で住民が強い帰属意識を持つ単位」と定義すると、ダッカ市には地域のコミュニティ組織であっても、コミュニティの境界ははっきりしないことが多く、これに当てはまる住民組織はほとんど見られない。一方で、伝統的な地域コミュニティや相互扶助グループのような住民組織や住民ネットワークが存在する。廃棄物管理を行っていく場合には、地域全体に収集方法などの情報を伝達し、全世帯から理解と参加を得られるようにしなくてはならない。しかし、住民組織がないことで、住民、一次収集業者、ダッカ市と、三者のコミュニケーションがうまく取れず、連携していくことが難しかった。結果、住民は一次収集業者の連絡先すら知らず、要望や苦情を伝えることができていなかった。また、ダッカ市側は新しい収集方法を導入しようとしても、住民に効果的に情報を伝達する手段を持っていなかった。関係者が連携し

ダッカの住民組織形態

地元住民組織・ 住民ネットワークの形態	説明
ポンチャイト	伝統的な地域コミュニティの形態で、旧市街地（オールドダッカ）に現在も残っている。自主防犯やゴミ収集などの活動を行う。
ショミティ	自発的に集まって作る相互扶助グループ。
町内会・自治会	新しく開発された住宅地や、公務員住宅地など、境界を明確に持つ住宅地内で住民が組織する自治会等。自主防犯やゴミ収集などの活動を行う。
モスクを中心とした集まり	イスラムの宗教的な集まりで、モスクで地域活動についても集まりを持つ。
区のコミッショナーを中心としたグループ	地元住民の有力者の集まり。政治色が強く、基本的には、コミッショナーが属する政党を支持する地元住民が集まる。コミッショナーは選挙で選ばれ、地域住民を代表していると認識されており、反対政党に属する地元有力者とのつながりもある。
政党組織	政党の下部組織で、地元住民で構成される。
商工会等	商店、工場、ビジネスなど、地域の同一の事業の事業者が集まって構成する協会。
青少年クラブ	地域の若者がスポーツや地域活動などを行う組織。

て地域の環境を改善していくためには、住民の代表としてダッカ市や一次収集業者と協議したり、地域内の全世帯に情報を伝えたりできるような住民組織をつくる必要があった。

　ダッカ市の1ワード当りの人口は数万人から20万人を超えるため、住民参加型で地域の廃棄物管理の改善に取り組むには規模が大き過ぎるという懸念があった。大きいからできない、小さいからできるというものでもないが、廃棄物管理が効率よく行える地域の大きさ、コミュニティが機能しやすい大きさというものがある。それではダッカの場合、最適なコミュニティの規模はどの程度なのか、それをつかむのがなかなか難しかった。

　そうした中で、岡本から「ワードをコミュニティユニットに分割し、それを単位として住民を組織化したらどうか」というアイデアが出された。日本でいう町内会のようなイメージだ。こうして生まれたのが、コミュニティ・ユニット・ワーキング・グループ（CUWG）という考え方だった。

住民の組織化に当たって岡本が重視したのは、(1) 地元社会の特徴を十分把握し、既存の住民組織やネットワークを最大限活用してコミュニティグループを形成すること、(2) 地域内に存在する住民組織間には利害対立もあるが、ゴミは全住民の共通問題であることからすべての地元組織を取り込むこと、(3) 新しい組織を存続させていくためには、ワードの清掃監督員が継続してCUWGや一次収集業者と連携を図り、改善を続けることである。
　その手法は、パイロットプロジェクトの活動を通じて徐々にコミュニティに受け入れられ、コミュニティベースの活動の推進手法となり、最終的にはダッカのコミュニティベースの廃棄物管理の手法として固まっていくことになる。
　こうしたマスタープラン調査やパイロットプロジェクトを実施していた当時、ダッカ市清掃局の局長をしていたのがソエル・ファルキだった。ファルキは当初、ゴミ問題の原因は収集車不足にあると考えていた。しかし、問題が家庭のゴミ出しから処分場に至るまでの包括的な課題であると石井ら日本人専門家から指摘されると、いち早くこれを理解し、ダッカ市の廃棄物管理の将来計画であるマスタープランづくりに協力する姿勢を示した。ダッカ市長の信頼も厚かったファルキは、いつ、誰に、何を、どのように説明をしておけば物事がうまく進むかを熟知していた。ファルキは、市の上層部に対して、適切なタイミングで調査の進捗などを報告し、マスタープランに対する市役所内での合意形成に大きな役割を果たした。
　マスタープラン調査を行っていく中で、日本人専門家を支えてくれたもう一人のキーマンがいた。ダッカ市技術局の技術職員であるアブドル・ハスナット技術課長だ。マスタープランを策定していく過程では、休日にもかかわらず調査団のメンバーが宿泊するホテルに足を運び、日本人には理解が難しい行政組織の習慣や文化などを丁寧に教えてくれることもあった。
　こうした「応援団」にも助けられ、ダッカ市の廃棄物管理マスタープランが2005年3月に完成。このマスタープランは、関係者の間で「クリーンダッカ・マスタープラン」と呼ばれた。この中には、2004年時点で日量1,385

第 1 章　アジアに残された最大の懸念

住民参加の単位となるコミュニティユニット

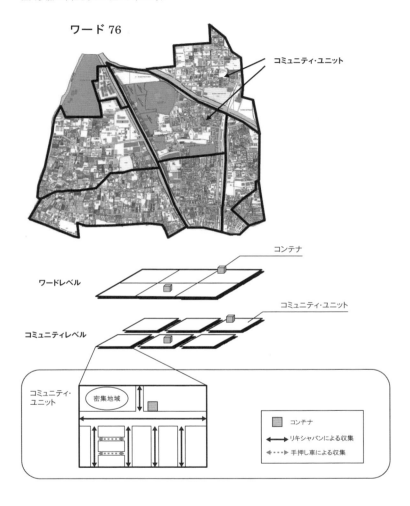

クリーンダッカ・マスタープランの表紙

トンのゴミ収集量を、2010年には日量2,035トンに、2015年には日量3,032トンに増やし、収集率も2004年の43.5パーセントから2010年には52パーセントに、さらに2015年には65.5パーセントにまで増加させるとの数値目標が盛り込まれた。また、その目標を達成していくため、住民参加促進、収集・運搬改善、最終処分場改善、組織・財務改善を4つの優先課題として定め、それぞれに問題解決を図っていく道筋が示された。

ダッカ市のゴミの流れ（2004年：現状調査結果の値、2010年と2015年：目標値）

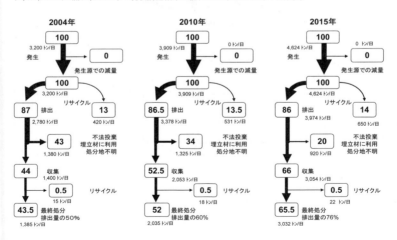

マスタープランの4つの優先課題

住民参加促進 （一次収集の改善）	一次収集への住民参加を促進し、住民、民間の一次収集業者、ダッカ市が協働して廃棄物管理を行うための仕組みをつくり実践する。 • 住民参加型廃棄物管理システムに係る制度整備 • 一次収集業者の活動許可監督システム強化 • 一次収集サービス業者支援プログラム • 住民参加型廃棄物管理システムの実施（20ワード）
収集・運搬改善 （二次収集の改善）	収集車両の更新を図りながら収集量を増やし、収集車両の維持管理体制を整備する。 • コンテナおよびトラックの新規調達 • 収集車運転手とコンテナクリーナの増加 • 廃棄物管理系統の形成 • 清掃員および収集車運転手の能力強化
最終処分場改善	現在使われている不法投棄の処分場を閉鎖して、今ある処分場を汚水処理のある衛生埋立処分場に改善する。北部に新たな処分場を建設する。埋立地の維持管理組織を設立する。 • マトワイル処分場の改善 • 新規処分場の確保 • ベリバンド処分場の閉鎖 • 最終処分場を管理する組織の設立と能力強化
組織・財務改善	廃棄物管理を一元的に所掌する部署の設立と、不透明な財務体質を透明性ある方向に改善する。 • マスタープランに基づいた年次実施計画の策定 • 現場組織の改善 • 廃棄物管理組織の改革 • 廃棄物管理原価を明示する会計システムの改善 • マスタープラン実施に係る資金調達

第2章

プロジェクト始動

マスタープランの実現に向けた助走期間

　マスタープランが完成する直前の2005年2月、JICAバングラデシュ事務所に眞田明子が赴任した。JICA職員としてダッカのゴミ問題を担当することになった眞田は、まずはダッカの廃棄物管理の現状を理解するため、市内の収集コンテナや収集車のメンテナンス基地、処分場などを見て回った。その後、3年7カ月のバングラデシュ滞在期間中に何十回と訪れることになる現場であった。

　眞田の専攻は土木工学だ。土木工学は社会の基礎をつくるための学問である。特に都市や交通という人の生活に近い分野に関心を持ち、学生時代は開発途上国に限らず、世界中の都市を訪ねて歩いた。眞田が本格的に廃棄物管理に関わったのは、2002年にJICAに入ってからだ。ダッカに赴任する前には、東京の本部でカンボジア・プノンペン、キューバ・ハバナなどの廃棄物案件を担当し、途上国のゴミ問題の状況は多く目にしていた。

　ダッカのゴミ問題がどれだけ深刻で難しい案件なのか、マスタープランは住民参加型廃棄物管理がキーワードになっていて、特に組織づくりや人材育成を一緒に進めなければ、JICAの協力が生きてこないことは理解していた。バングラデシュに赴任すると同時に、マスタープラン調査に関する予算や権限がJICA本部から現地JICA事務所に移されたこともあり、眞田は現地でダッカの廃棄物案件を担当できることがとても楽しみだった。

　クリーンダッカ・マスタープランは2005年3月に完成し、その後1年間は、マスタープラン調査の一環としてその具体化に向けたパイロットプロジェクトを継続する、いわば"助走期間"となった。関係者の間では、マスタープラン調査の現場調査期間をフェーズ1、マスタープラン策定の期間をフェーズ2、そして、この助走期間をフェーズ3と呼んでいた。フェーズ3の1年間、数名の調査団員が引き続きマスタープランで掲げた4つの優先課題に対するダッカ市の取り組みを支援した。

　優先課題1となっていた「住民参加促進（一次収集の改善）」に対し、

ダッカ市清掃局が取り組んだのが、清掃監督員向けの住民参加型廃棄物管理ガイドラインづくりだった。その中で、コミッショナー（区長）、コミュニティ・ユニット・ワーキング・グループ（CUWG）、一次収集業者それぞれの役割を明確にすることで、ゴミの収集が各コミュニティで上手く機能するようにした。このほか、ダッカ市清掃局は、一次収集業者を選定するプロセスの検討やコミュニティコンテナ、トロリー、リキシャバンなど、ゴミの収集に必要な機材の開発なども行った。

　また、パイロットプロジェクトの対象として選定された2つのワード（区）では、清掃監督員が中心となり、策定したガイドラインに沿ったゴミの収集を実施するとともに、コミュニティミーティングを開催し、問題点などを話し合いながら住民参加型のゴミ収集を定着させていった。さらに、ダッカ市清掃局長のソエル・ファルキの発案で、ワードごとの特色ある取り組みを表彰する「クリーンダッカ・ワード・コンテスト」を開催したほか、「クリーンダッカ」を目指した廃棄物管理の取り組みを他市と共有するため、国内6つの特別市の市長と清掃局長が集まる「バングラデシュ廃棄物管理会議」を開いた。この廃棄物管理会議は2006年3月に第1回目が開催された。

　次いで、優先課題2として掲げた「収集・運搬改善（二次収集の改善）」への取り組みとして、この期間に清掃員の業務規定を作成した。石井と清掃監督員たちは、マスタープラン調査では把握しきれなかった「清掃員はどのような体制で清掃作業を行っているのか？」「清掃監督員からの指示命令系統はどうなっているのか？」「作業の手順や勤務時間などはどうなっているのか？」など、清掃員の業務実態を調査するところから始めた。その結果を踏まえ策定された業務規定を、まずはすべての清掃監督員に対して周知していくことになった。

　このころダッカ市には、道端に置かれた一次収集用のコンテナが往来の邪魔になる、ゴミが常にあることで周辺環境が不衛生になるなど、住民から多くの苦情が寄せられるようになっていた。また、一次収集業者から

は、コンテナが大き過ぎて集めてきたゴミを積むのが難しいという声も上がっていた。そこで石井は、今使われているコンテナよりも小型で、往来の邪魔にならず、ゴミや臭いが漏れないようにふたもでき、一次収集業者もゴミを捨てやすい新しいコンテナの開発に取り組んだ。何度も模型をつくって構造や材質などを検討し、試行錯誤しながらようやく完成させたコンテナは、「ISHIIコンテナ」と呼ばれた。

一次収集用のコミュニティコンテナ

一次収集用のトロリー

小型化され機能性も向上したISHIIコンテナは多くの人に歓迎された(2006年撮影)

ISHIIコンテナは小型であったがゆえに邪魔にならず、狭い道路や大学構内、公園、川べりなど、これまでは難しかった場所にも設置することができた。ダッカ市は、この試作をもとに200台ほどISHIIコンテナを独自予算で作製し、市内のいたるところに設置した。

また、優先課題3として取り組むことになっていた「最終処分場改善」については、この期間中にダッカ市の技術局が開始したマトワイル処分場の改善事業への支援が主な活動となった。具体的には、改善工事の入札図書の作成支援に加え、処分場の運営組織であるランドフィル・マネジメント・ユニットの整備とそのスタッフ向けの業務マニュアルの作成と実地指導などを行った。

そして優先課題4となっていた「組織・財務改善」については、マスタープランの提言に基づき、年度ごとの廃棄物管理業務の実施計画づくりを支援した。もっとも、廃棄物管理に関わる業務は、複数の部署にまたがっ

て実施されていたため、コンテナの設置数やゴミの収集量などの目標値とその達成に向けた業務計画を各部署で作成し、一つの実施計画として取りまとめるという方法が採られた。また、財務面に関しても、複数部署にまたがっている廃棄物管理に関連する予算状況を把握するため、必要なデータ項目を検討して、データ収集・入力や集計結果出力のためのフォームを設計し、担当者向けの研修を行った。

　こうした4つの優先課題に向けたフェーズ3の活動は、マスタープランの実現に向けた支援という位置付けだったが、ダッカ市の職員にとっては調査の延長線上という意識から抜け切れず、日本人の調査団に頼りながらの活動であった。今まで部署ごとに定められた業務はやってきたが、廃棄物管理という部署横断的な取り組みを行ったことがないダッカ市が、改善の兆しはあるものの、どうしても縦割りから抜け出せずにいる状況を考えれば、自らの組織と職員の力だけでマスタープランを実現することは難しいと

マスタープランの中身の関連図

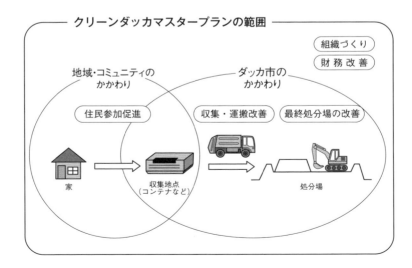

眞田は感じていた。それはダッカ市側も調査団も同じだった。この期間中にさまざまな取り組みを行う中で、クリーンダッカ・マスタープランを確実に実施していくためには、さらなる技術協力が必要だとの認識が関係者の間で共有されていった。その結果、バングラデシュ政府から日本政府に対して技術協力プロジェクトが要請され、2006年4月にその実施が正式に決定することになる。

試される「空白の10カ月」

　2006年3月、マスタープラン調査のフェーズ3が終了し、調査団が帰国すると、ダッカ市の職員は、いよいよ自分たちだけでこれまでの活動を継続していかなければならない状況になった。マスタープラン調査中にはいつもそばにいた日本人がいなくなり、ダッカ市の職員たちは不安そうな表情を浮かべていた。マスタープランで提案された活動を自分たちの力でやってみる。彼らにとってはもちろん初めての挑戦だった。

　とはいえ、日本側からまったく何の支援もなかったというわけではない。眞田はJICAバングラデシュ事務所の担当者として、引き続きダッカ市の取り組みを支援することになっていた。また、ダッカ市がマスタープラン調査から続けてきた活動を継続させるために、現地専門家としてショリフ・アラムに、ダッカ市の取り組みをサポートしてもらうことにした。ショリフは、バングラデシュの環境NGOの職員としてゴミ問題に取り組んだ経歴を持ち、マスタープラン調査では、調査団の現地スタッフとして住民参加による一次収集活動に携わってきた人物だった。また、マスタープラン調査が終了した後も、ダッカ市の事業として続いていたマトワイル処分場の改善工事に対して、技術的なサポートが必要なタイミングで、調査団員の齋藤正浩に1〜2週間ほどダッカに来てもらうことにした。

　眞田は、自分が時折、彼らの活動に参加し、進歩を確認することで「JICAがいつもそばにいて活動を見守っていて、サポートが必要なとき

は手を差し伸べる」という姿勢を見せることが重要だと考えていた。それは、数ヶ月後には技術協力プロジェクトが開始されることがほぼ決まっていた中で、日本人専門家不在の「空白の期間」に、バングラデシュ側の主体的な取り組みを引き出し、モチベーションを持続させるためだった。かといって、マスタープラン調査中のように、日本人である自分が直接的に彼らの活動に関わるやり方では意味がない。ダッカ市の職員や清掃監督員らが自分たちで考えながら試行錯誤していくことが、彼らの対応力を育て、その仕事の重要性への気づきにつながっていくからだ。

　ダッカ市は、日本人専門家がいないこの期間中、マスタープランで優先課題として挙げた「住民参加促進（一次収集の改善）」「収集・運搬改善（二次収集の改善）」「最終処分場改善」「組織・財務改善」という4つのうち、特に一次収集の改善に向けた住民参加促進に力を入れ取り組んだ。指揮を執ったのはダッカ市清掃局長のファルキだ。日本人専門家がいたころと同じように、清掃監督員たちとともにコミュニティミーティングを何度も開催した。その時期の出来事で、眞田にとってとても印象的だった光景がある。

　あるミーティングに参加した時のことだ。この日のミーティングは、住民の仕事が終わった平日の夜。コミュニティの中にあるレンガ造りのボロボロの集会場に、たくさんの人が集まっていた。大雨が降り停電に見舞われる中で、彼らはろうそくの明かりだけでミーティングを開いていた。トタン屋根に雨音が響いて、お互いの声を聴くだけでも大変な状況にもかかわらず、コミュニティのゴミ問題について熱心に話し合う住民たち。住民と清掃監督員の真剣な表情を見て、眞田はそれまで希薄だった住民とダッカ市との関係性が変わりつつあることを実感した。バングラデシュでは、研修などに参加すると手当てが支給されることも少なくない中で、ここに集まった住民も清掃監督員も、何ら金銭的に得るものがあるわけではない。「自分のコミュニティのゴミ問題を改善していきたい」という目的が共有されていたのだ。

　コミュニティミーティングの開催に加え、ダッカ市清掃局はマスタープラン

の提言に沿って、衛生環境や景観を著しく損ねていたレンガで囲っただけのダストビンを順次閉鎖し、一次収集業者によるゴミの収集を徹底しようとしていた。当時、一次収集業者は収集に来る曜日も時間もバラバラな上、収集したゴミを道路に広げて汚すため、住民からの評判が良くなかったこともあり、なかなか上手くはいかなかったが、何とかしようとするダッカ市側の意気込みは高かった。

　しかし一方で、眞田はダッカ市に廃棄物管理全体を一元的に統括する部署を置くことがマスタープランの計画として盛り込まれていたものの、ダッカ市の関係者にはその重要性がまだ真に理解されていないと感じていた。そこで、この時期に「廃棄物管理」とはどういうものなのかを理解してもらうため、関係者に日本で研修を受けてもらうことにした。日本の廃棄物管理の仕組みや歴史を知ってもらうことは、今後開始される技術協力プロジェクトで必ず生きてくると考えたのだった。ダッカ市清掃局長のファルキをはじめ、4〜5名のダッカ市職員が7月に日本へ向け出発。日本で約1週間、自治体の廃棄物管理の仕組み、住民による分別やゴミ出し、ゴミ収集の現場や中継基地、処分場などを視察し、日本の廃棄物管理に対する考え方や仕組み、行政と住民の役割について学んだ。この研修での視察や議論を通じて、ダッカ市の関係者はこれから実施する技術協力プロジェクトで自分たちが何を目指し何に取り組んでいくのか、具体的なイメージを持つことができたようだった。

　この日本での研修と前後して、眞田はこれから実施する技術協力プロジェクトの具体的な内容の検討を急いだ。というのも、バングラデシュではこの時期、5年間の任期満了に伴う国会総選挙が行われることになっていた。この国政選挙の結果次第では、関係省庁やダッカ市の関係者が異動あるいは交代してしまう可能性があったためだ。バングラデシュに限らず、開発途上国では、人が変われば方針もがらりと変わってしまうことがある。しかし、結果的には、選挙の公正を担保する役割を担う非政党系の

選挙内閣の人事などを巡り政党間対立が激化し、2008年12月まで選挙は実施されることはなかった。選挙を実施するまで、選挙管理内閣が行政を担うことになり、これまでの方針や取り組みが否定されるという事態に陥らなかったのは幸運だった。

　また、この時期の動きとして記しておかなければならないことがある。マスタープラン調査を進めていく中で出てきたアイデアだったダッカ市清掃局への青年海外協力隊の派遣が実現したことだ。ダッカ市に渡具知愛里と林亮佑の2名の協力隊が着任したのは、2006年6月のことだ。彼らは「環境教育」分野の隊員としてダッカ市の清掃局に配属され、ゴミ問題に取り組むことになった。彼らの仕事は、清掃監督員たちと一緒に一次収集への住民参加を促進する活動を行うことだった。一次収集をきちんと行うことが住民の義務であるという意識が低く、ゴミを扱う仕事への差別意識が残るダッカで、住民から協力を得ることは容易でなかった。協力隊の2人は、

ダッカ市内の小学校でカードを使いゲーム形式でゴミの分別の大切さを伝える青年海外協力隊の林亮佑（写真左端）写真：谷本美加／JICA（2008年撮影）

ダッカ市の清掃監督員が行っているコミュニティ・ユニット・ワーキング・グループ（CUWG）ごとに開かれたミーティングなどを支援した。さらに、彼らの発案で、小学校で子どもたちを対象とした環境教育を行うことになった。CUWGのミーティングなど、住民参加を促進するための活動に取り組む中で、大人の習慣を変えることは大変だということを実感した彼らは、子どもたちにゴミをはじめとする環境問題を学んでもらうことが大切だと考えたのだ。彼らは、これまでダッカ市の廃棄物行政と接点のなかった「学校」を新しい活動拠点をとし、得意のベンガル語を駆使しながら「クリーンダッカ」「環境教育」という概念を普及していった。ダッカ市の清掃監督員たちも、協力隊の2人が小学校で行う環境教育プログラムに休日返上で協力した。彼らは協力隊と一緒に、ゴミを放置したり投棄したりすることがどのように自分たちの周りの環境や自身の健康に影響するのかなど、子どもたちに分かりやすく伝えた。こうした協力隊の活動は代々受け継がれ、2016年10月までに計15名の隊員がダッカ市に派遣されている。

　協力隊による小学校での環境教育プログラムのほか、日本人専門家不在のこの期間中に行った啓発活動に「リキシャ・キャンペーン」がある。これは眞田と清掃監督員のアイデアだった。ダッカ市内で住民の日常の足として使われているリキシャは走る広告塔だ。ゴミ三兄弟というイメージキャラクターを考え、「ダッカをきれいにしよう！」というメッセージを添えたステッカーをつくり、そのリキシャに貼らせてもらった。ダッカ市の清掃監督員や協力隊の2人にJICA事務所の関係者も加わって、町中を走るリキシャにお願いして回った。この活動は、クリーンダッカ・プロジェクトが始まった後も継続して行われた。

　さらに2006年5月、ダッカ市とJICA同窓会とともに「クリーンダッカ・デイ」というイベントを開催した。この同窓会は、日本で行われるJICAの研修に参加したことのあるバングラデシュの行政官が集まった組織で、登録人数は約1,800人と世界最大規模を誇っている。イベントはダッカの中心にある

遊園地を会場に、クリーンダッカに向けた取り組みを紹介するステージを繰り広げたり、市内を行進するラリーを行ったりと、大きな盛り上がりを見せた。ゴミ三兄弟のキャラクターもパネルやステッカーとして登場し評判を呼んだ。クリーンダッカ・デイは、クリーンダッカ・プロジェクトが始まった後には「クリーンダッカ・ウィーク」と名称を変え、より大きな規模で開催されるようになった。

クリーンダッカ・デイにも登場したゴミ三兄弟（2006年撮影）

クリーンダッカ・デイで行われた市内を行進するラリーには多くの関係者が参加した（2006年撮影）

今振り返ると、頼るべき日本人調査団が帰国し、ダッカ市の関係者とJICA事務所で試行錯誤しながら取り組みを前に進めていったこの10カ月間は、マスタープランの検討会で阿部が指摘した「オーナーシップ（主体性）」を引き出すという意味で、重要な時間だった。マスタープラン調査開始前にダッカ市職員から発せられた「機材さえあれば大丈夫」という言葉は、もはや誰からも聞かれなくなっていた。

日本人専門家、再びダッカに降り立つ

2005年に完成したクリーンダッカ・マスタープランの実現に向け、空白の10カ月を乗り越えて「ダッカ市廃棄物管理能力強化プロジェクト」（通称：クリーンダッカ・プロジェクト）が開始されたのは、2007年2月のことだ。プロジェクトでは、住民参加からゴミの収集、最終処分場の建設に至るまでの一連のプロセスに必要なダッカ市職員の能力強化を図ることで、マスタープランの実現を支援することになった。

このプロジェクトのために、新たな専門家チームが構成された。マスタープラン調査にも参加した原尚生を総括に、石井明男、岡本純子、齋藤正浩のほか、副総括としてモハマード・リアドが加わるなど、総勢10名の専門家チームとなった。

クリーンダッカ・プロジェクトは、マスタープランで整理された4つの優先課題を踏まえて、「住民参加促進（一次収集の改善）」「収集・運搬改善（二次収集の改善）」「最終処分場改善」「財務改善」を活動の柱とし、廃棄物管理行政を一元的に実施していくための組織改編を含む「計画・調整機能の強化」にも取り組むことになった。二次収集や最終処分などはダッカ市がこれまで行ってきた業務なので、まったく新しいことを始めるわけではない。今やっている仕事のやり方を変える、あるいは不足していることを補っていくことで、ダッカの環境を改善していくプロジェクトなのだ。とは言うものの、いざ実施段階に入るとこれがとても難しかった。

廃棄物管理が目指すことはたった一つ、市内で発生するゴミを適切に管理・処理することだ。家庭で発生したゴミをきちんと出してもらい、残らず収集し、処分場で適切に処理する。こうした一連の流れをバラバラに行っていては解決できるものもできない。それぞれの取り組みを上手に連携させていく必要があるのだ。

　ところが、現実にはダッカ市の清掃事業の大きな問題として、関係部署間の横のつながりや信頼関係を育てるのはなかなか難しかった。道路の清掃は清掃局、ゴミの収集・運搬は運輸局、最終処分場は技術局といった具合に、異なる部署がそれぞれの業務を担当しており、廃棄物管理全体を総括している部署がなかった。また、一次収集で最も重要になる住民参加の促進を担う部署もなかった。

　プロジェクトが始まると、専門家チームはまず市役所内の関係部署に出向き、各局が連携しなければ、効果的な廃棄物管理はできないことを何度も丁寧に説明した。ダッカ市の中で、プロジェクトの実施主体となるのは清掃局である。比較的立場の弱い部署なので、他の部署に協力を求めても、大抵の場合、すぐに協力は得られない。どんな仕事にも既得権益があり、やり方を変えることに対して大きな抵抗がある。特にお金がからむ既得権益を守る仕組みは、よそ者には簡単に分からないようにできているものだ。マスタープランができただけでは何も変わらない。こうした既得権益を乗り越え各関係局が連携してマスタープランを実現させていくことが、このプロジェクトの目的であった。

　プロジェクトを進めていくに当たり、できる限りダッカ市の通常業務として活動し、人材や予算、機材などはダッカ市のリソースを使うことを考えた。プロジェクトの期間だけ外からリソースが入ってくるという状況にしてしまうと、プロジェクトが終わった後に活動が止まってしまうことになりかねないからだ。

　そうした考えを踏まえ、専門家チームとしてのチャレンジは、ダッカ市に予算と人員面からプロジェクトの実施を担保してもらうことだった。例えば、コ

ミュニティ・ユニット・ワーキング・グループ（CUWG）ごとに開催するミーティングを清掃監督員らの正式な業務として清掃局に認めてもらい、必要な予算と人員を確保することなどだ。

　もう一つのチャレンジは、廃棄物管理に従事する清掃監督員や清掃員の仕事に対する考え方や意識を変えてもらうことだった。当時の清掃員は、朝やってきて自分の持ち場を2〜3時間ほど清掃すると、他人の持ち場を手伝うでもなく、気がつけばいつの間にか帰ってしまっていた。清掃監督員もまた、清掃員が揃ったかどうか点呼するでもなく、清掃が終わったことを報告させることもなかった。おそらく自分たちが行っている清掃という仕事がダッカ市民の生活にとってどれほど重要なものなのか、職員としての自覚がなかったのではないだろうか。

　清掃という仕事に対する清掃監督員や清掃員、あるいはダッカ市民の意識がどのようなものであったかを如実に示すエピソードがある。プロジェクト開始後間もなく、石井は、普段ワードごとに仕事をしているため横のつながり意識がない清掃監督員のためにユニフォームを作り、連帯感を持ってもらおうと提案したことがあった。ところが、清掃監督員の多くは「ゴミに関わる仕事をしているのが住民に分かるのが嫌だ」と、これを拒否したという。

立ちはだかる現実——WBAという一つの結論

　石井が専門家としてダッカ入りしたのは、プロジェクトが開始されてから数カ月後のことだった。先に現地入りしていた専門家チームがプロジェクト開始時にダッカ市と行った会議の議事録を読むと、ダッカ市の技術局に所属する技術職員のタリク・ビン・ユスフが、プロジェクトの意義に疑問を投げかける言葉が残っていた。特に、優先課題の「住民参加の促進」の必要性が理解されておらず、否定するような発言すらあった。彼は、英国への留学から戻ってきたばかりの優秀な技術者だったが、マスタープラン調査の取り組みなど、「クリーンダッカ・プロジェクト」が開始されるまでの

経緯や議論をあまりよく把握していなかった。

　石井は当時、マスタープランで掲げた4つの優先課題のうち「住民参加の促進」と「収集・運搬の改善」、つまり住民らによる一次収集と行政が担う二次収集との連携がうまくいかなければ、町からゴミはなくならないと考えていた。その連携を図るために、ダッカ市の廃棄物管理はワード単位で行い、各ワードを担当する清掃監督員が住民参加の促進を担っていくというアイデアを温めていた。ユスフを含むダッカ市の技術職員に、一次収集には住民参加が不可欠であること、一次収集を効果的に行い、行政が担う二次収集へとつなげていくためには、清掃監督員がワード単位で管理していく方法が良いのではないかと伝えたところ、賛同するどころか怒りにも似た言葉が返ってきた。

　「清掃監督員のような学歴も技術もない連中にそんなことはできない」
　「ダッカのことが分かっていない」

　石井にとって、これは非常に衝撃的な一言だった。その後、ダッカで仕事をしていく中ではっきりと分かったことがあった。それは、技術職員は明らかに清掃監督員を見下しており、まったく相手にしていないのである。他方、清掃監督員たちは、常に自分が所属する清掃局の局長の顔色をうかがいながら仕事をしていた。また、清掃監督員はダッカ市の職員ではあるものの、昇格することもなければ、現場から市役所内へ、清掃局から他部署へ異動することもない。こうした硬直した人事制度もあって、清掃監督員の仕事に対するモチベーションは低く、ある意味、技術職員たちがそうした発言をするのも無理からぬところもあった。

　「このままではプロジェクトがダメになってしまう」

　石井は、本来であれば、ダッカをきれいにする、衛生的な町にするという、一つの目標に向かって協力し合わなければならないダッカ市の技術職員と清掃監督員たちの間に大きな溝があること、また部署間の連携がまったく進まないことに危機感を抱いた。

廃棄物管理の中でも、とりわけ二次収集は、収集車両などの機材を投入しただけでは効果は上がらない。関係するダッカ市職員の意識改革や能力向上、収集車両の効果的な運用など、収集システム全体の底上げが必要になる。そこで石井は、一次収集における「住民参加の促進」に加え、二次収集としての「収集・運搬の改善」に向けた現場レベルでの人材育成、意識改革、組織機能の見直し、機材の改善、収集システムの向上など、さまざまな活動を複合的に組み合わせてお互いの力を相乗的に強化させる活動を行ってはどうかと考えた。この活動は、ワードごとの活動であるため「ワード・ベースド・アプローチ（WBA）」と呼ぶことになった。

　WBAの柱は、ダッカ市に90ほど存在するワードに清掃監督員が管理する清掃事務所を開設。清掃監督員はこれまで通りに清掃員の業務を監督するほか、清掃事業に対する住民参加を促すさまざまな取り組みを行い、ワード単位で廃棄物管理を行っていくというものだった。

　プロジェクトの専門家チーム内では、このWBAを取り入れていくことに対して、必ずしも賛成意見ばかりではなかった。新しい提案内容がうまく行く保証はない。住民参加促進や収集・運搬改善などプロジェクトの4つの柱と組織改編を含む「計画・調整機能の強化」に紐づく活動をそれぞれ実施していくことで、プロジェクト目標である「ダッカ市の廃棄物管理サービスの向上」を達成することを想定していた当初の枠組みの否定にもつながるのではないか、といった慎重意見もあった。

　しかし、現在のやり方を続けても、ダッカ市職員の心を一つにすることは難しく、ダッカの廃棄物問題の解決に向けた流れをつくることができない。2007年6月ごろ、石井は、JICAバングラデシュ事務所でプロジェクトを担当していた眞田に相談した。廃棄物管理の本質的な改善につなげたい、その一心だった。

　WBAの話を聞いた眞田の反応は、石井にとって意外なものだった。もともとの計画とはまったく異なるアプローチを提案したので、なぜ今のやり方だ

とうまくいかないのか追及されることも覚悟していたが、眞田はWBAの話に
肯定的な反応を見せた。眞田は、プロジェクトを開始してから、日々の専門
家チームからの報告や、時折プロジェクトの活動に参加する中で、各コン
ポーネント間の連携がうまくいっていないこと、相変わらず部署が異なる職員
同士が積極的にコミュニケーションを図る様子が見られないことを把握してい
た。そして現状を打開する方法を悩んでいた矢先の提案だった。ただ、眞
田には、最初は石井が提案したWBAの意義を完全には理解できなかった。

「WBAが実践を通して業務の連携を促していく提案であることは理解
できました。でも、石井専門家が提案しているワードごとの廃棄物管理が、
プロジェクトが目指している一元的な廃棄物管理につながっていくのかが自
分自身の中で整理できず、すぐに納得することはできませんでした」

その後も、石井をはじめとする専門家チームと眞田は何度もWBAについ
て話し合った。眞田は、石井が日本に帰国している時期も、ダッカに滞
在していた他の専門家をつかまえて、質問攻めにしたこともあった。その
中の一人、最終処分を担当していた齋藤は、「WBAは石井さんのアイデ
アでしたが、専門家チームの全員が完全にWBAの効果というか、それ
が状況の打開策になるのかどうか共通見解を持っていたわけではありませ
んでした。そうした中で眞田さんにいろいろ質問されて、あの時は本当に
困りました」と振り返る。

石井もワードごとに清掃事務所を設置することが、ダッカのゴミ問題の改
善にどれほどの効果をもたらすのか、確証があるわけではなかった。ただ
し、清掃監督員の中にはこれまで彼らが行ってきた業務の幅を超えた能力
を持ち、意欲が高い者も多く、ワード清掃事務所を預かる立場になれば、
必ず力を発揮するだろうということだけは確信していた。

「石井さんの説明は、当初の計画と、実際にプロジェクトで起きているこ
と、そこにズレが生じているのはなぜなのか、改善していくためには何が必
要なのか、どういう対策を取っていくべきなのか、といった論理構成は必ず

しも明確ではありませんでした。WBAは、石井さんの専門家としての圧倒的な経験と暗黙知に基づく提案だったと思います。最初はその提案の意図を理解できなかったのですが、議論を積み重ねていくうち次第にWBAの狙いや内容が洗練されていきました。自分自身がWBAというアイデアに納得してからは、JICA内を調整しつつ、ダッカ市の関係部署に説明し承認を得るなど、プロジェクトを修正していくことが自分の仕事になりました」

こう話す眞田だが、正直なところJICA内部の了解を得ることに相当の労力と時間を要した。ダッカ市の関係者にWBAの必要性を理解してもらうのはさらに大変だったが、最終的にはWBAの提案は受け入れられ、プロジェクトの活動として実施していくことになった。

プロジェクトは生き物だ。眞田にとって、プロジェクトを生かすために時には柔軟に計画を変更したり修正したりすることの重要性を改めて認識させられる経験だった。

以前、清掃監督員の能力について、ユスフをはじめとする技術職員に言下に否定されたものの、ワードごとに清掃監督員が中心となって住民を巻き込み一次収集を行っていくことの有効性を実証し理論的な裏付けを得るために、家庭からのゴミ出しから、収集、処分場への運搬まで、廃棄物管理の連続したプロセスをいくつかのワードで行ってみることにした。

石井のアイデアから生まれたWBAは、専門家チームやJICA、そしてダッカ市側の関係者間との議論や試行結果などを踏まえ、最終的には4つの活動を組み合わせた内容となった。

まず、第1コンポーネント（WBA1）として、廃棄物管理の拠点となる清掃事務所を新たに設置し、可能な限りダッカ市から清掃事務所に業務を移譲するなど、業務の地域化を進めていく。また、第2コンポーネント（WBA2）では、清掃監督員が中心となり、ワード内の清掃員に安全衛生や作業方法の講習を行うとともに、各ワードに清掃監督員と清掃員が参加する安全衛生委員会を設置する。次いで、第3コンポーネント

(WBA3）として、一次収集を担うコミュニティの住民組織をつくり、コミュニティごとに適したゴミ捨てのルールを決めて「住民参加型廃棄物管理」を行う。そして、第4コンポーネント（WBA4）では、第二次収集を効果的に実施するために必要なコンパクターなどの導入によるゴミ収集の機械化や、既存の収集システムの改善を行っていくというものだ。

ワード・ベースド・アプローチ（WBA）の活動内容

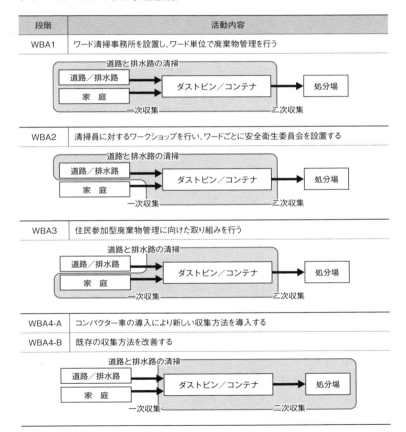

【コラム】現地NGOを通じた医療廃棄物処理への協力

　マスタープラン調査では、ダッカ市内の医療廃棄物の発生と処理の現状についても調査した。2004年時点で、市内の病院は少なくとも720あり、このほかにもダッカ市内には450ほどの診察所があった。そうした医療施設からは、使用済みの注射針、血のついた包帯、有害化学物質など、危険な医療廃棄物が排出されていたが、処理する設備が整っている病院は極めて少ないことが分かってきた。

　ダッカ市内に医療廃棄物を処理できる焼却炉があるのはたった3つの病院に限られていた。そのうち稼働しているのはダッカメディカルカレッジの1基のみ。大きな病院の中には、焼却ではなく、破砕機で細かく砕き敷地内に埋め立てているところもあったが、多くの医療施設から排出された医療廃棄物は町中のダストビンに捨てられ、一般家庭からのゴミと一緒に、ダッカ市が処分場に運搬していた。問題なのは、血液や化学物質などが付着した危険な医療廃棄物がリサイクルされていたことだった。注射器、プラスチックチューブ、プラスチック梱包材などがウェイストピッカーによって集められ、一部の注射器や針に至っては、仲買人によって洗浄され、リサイクル品として再び病院に戻っていたのだ。

　このころ、バングラデシュには医療廃棄物の管理について規制する法律はなく、病院や診療所を設置するときは、環境保護規則に基づいて、排水処理計画や汚染削減計画などを提出することになっていた。しかし、医療廃棄物について明確な記述はなく、そのため、医療用のチューブや注射器といった危険なものをマトワイル処分場で目にすることもあった。

　そこでマスタープランには、医療廃棄物は対象となっていなかったが、「医療廃棄物は特別な廃棄物として処理し、分別して管理するためのシステムを開発するため、医療関連組織・機関の協働的な取り組みが検討されるべき」という提言が盛り込まれた。

　こうした状況の中、バングラデシュのローカルNGOであるプリズム・

マトワイル処分場の横につくられた医療廃棄物の処理場での作業の様子(2006年撮影)

バングラデシュは、市内の病院や診療所をまわり、料金を徴収して医療廃棄物を収集する活動を行っていた。彼らは、マトワイル処分場の一角をダッカ市から借りて、集めた医療廃棄物を適切に処理し、埋め立てていたのである。

眞田は、JICAの協力では対応ができていない医療廃棄物について、プリズム・バングラデシュの活動を後押しすることで、状況の改善が図れないかと考えた。そこで、プリズム・バングラデシュ、ダッカ市、日本大使館と相談して、日本政府の「草の根無償・人間の安全保障無償資金協力」を申請した。この無償資金協力は、開発途上国の経済社会開発を目的として、草の根レベルの住民に直接裨益(ひえき)する比較的小規模な事業のために必要な資金を支援するものだ。

2006年8月にはプリズム・バングラデシュによる「ダッカ市医療廃棄物収集計画」の実施が決定。医療廃棄物の収集を拡大するための車

両や、医療廃棄物を適切かつ安全に処理するための加圧滅菌器が導入されることになった。さらに、2012年3月には同じ草の根無償資金協力で、プリズム・バングラデシュの医療廃棄物の収集・処理能力を拡張するため、新たに3台のゴミ収集車両と加圧滅菌器1台が整備された。

　2回の草の根無償資金協力が実施されたことで、プリズム・バングラデシュの収集能力と処理能力が大幅に強化され、結果、感染症全体の予防、地域全体の衛生環境の向上につながったのである。

第3章

クリーンダッカへの道

WBAの核となった清掃事務所

　石井のアイデアから始まり、日本とダッカ市の関係者間で議論され形づくられていったワード・ベースド・アプローチ（WBA）だが、1つ目のコンポーネント（WBA1）で設置されることになったワード（区）清掃事務所は、東京都の清掃事業がモデルになっている。

　現在の東京都がまだ東京市であった1940年ごろ、市内には清掃事務所の前身となる出張所が15カ所ほどあった。その後、東京市が東京都となった1943年には、出張所は35カ所に増えている。現在は、東京23区それぞれに2カ所ほどの清掃事務所が設置されており、清掃事業を地域レベルで行っている。清掃事務所は、担当地域のゴミ収集のほか、ゴミや衛生に関連した問題について住民が直接相談できる窓口の役割も果たしてきた。清掃事務所が地域ごとに設置されたことで、東京の衛生環境は大幅に改善していったという歴史がある。

　ダッカでワードごとに配置されている清掃監督員の主な仕事は、担当ワードに100人ほどいる清掃員がきちんと清掃しているかを見て回ることだ。また、コンテナにゴミがあふれているのを見つけたときは、収集車両の派遣をダッカ市清掃局に要請するなど、担当するワードの清掃活動を監督する役割を担っていた。仕事道具といえば、市から支給されたバイクとトランシーバーのみ。バイクで担当するワードを走り回りながら、トランシーバーで清掃局と連絡を取り合いながら仕事を行っていた。昇格することも異動することもなければ、決まったオフィスもない。そのため、住民がゴミの散乱などの苦情を訴えようにも、いつどこにいるか分からない清掃監督員をつかまえるのは、簡単ではなかった。石井は、ダッカ市で適切な廃棄物管理を行っていくためには、東京都のように地域ごとに清掃事務所を設置して清掃監督員の業務の拠点とし、地域に根差した廃棄物管理を行っていく必要があると考えた。それがワードごとに清掃事務所を設置するというアイデアにつながったのだ。

現在、東京23区内には清掃事務所が50カ所ほどある。これに対し、ダッカ市には90のワードがあるので、将来的に各ワードに1つずつ清掃事務所をつくれば、各清掃事務所が担当する人口は東京都よりも少なくなり、管理しやすくなる。ワード清掃事務所には担当の清掃監督員が常駐し、清掃員の管理だけでなく、ゴミ収集車の収集ルートの検討、配車計画の策定、地域に合った啓発活動や住民対応も担っていくことを想定していた。つまり、ワード清掃事務所は、ダッカ市の出先機関であり、地域のゴミや衛生に関する問題の総合窓口として位置付けられるのだ。

WBA1では、まずJICAのプロジェクト予算を使ってダッカ市内の15カ所にワード清掃事務所を設置することになった。どのワードに清掃事務所を設置するか、石井は住民参加を担当する専門家の岡本に相談した。どのワードから活動を始めるか、これは非常に重要なことだった。最初のワードで上手くいかないと、他のワードへの普及が難しくなってしまうからだ。岡本は、マスタープラン調査を行っている時から住民参加の活動に積極的に取り組んでいた清掃監督員のアブドゥール・モタレブとショフィクル・イスラムが担当するワード36とワード33はどうかと提案した。岡本は当初からモタレブとショフィクルの能力や意欲を高く評価していたのだ。

モタレブが担当するワード36は、もともとダッカ市が所有する建物の一部が清掃員の集まる場所になっており、それを改修するだけで清掃事務所として使

既存の建物を改修したワード清掃事務所（ワード36）
（2008年撮影）

うことができ、他のワードに比べて条件が整っていた。他方、ショフィクルが担当するワード33は、以前、手押し車やほうきといった清掃員が使う清掃用具の保管場所がなく、地域住民に頼んで空き地に保管してもらっているような状況だった。これまで何度か盗難に遭ったことがあり、また、清掃員が雨宿りをする場所もなかったので、ショフィクルは担当するワードの清掃員たちと話し合い、大通りの脇に自分たちで用具の保管場所を作った。毎日、レンガやトタン板などの廃材を少しずつ集め、数カ月かけてようやく完成させたのだそうだ。清掃員は自分たちで作った保管場所を大事に使い、清掃用具を丁寧に並べて管理していた。ワード33では、この場所を改修してワード清掃事務所をつくることにしたのだった。

既存の建物を活用してつくられたワード清掃事務所には、看板が取り付けられ、ペンキを塗って見た目を良くし、オフィスとして使うための机や椅子、ホワイトボードなどを備え付け、清掃員が清掃作業中にけがをしたときにすぐ治療ができるようにと、簡単な医薬品を入れた救急箱も置かれた。また、建物の前には、清掃事務所の役割を説明する紙やダッカ市から住民へのお知らせなどを貼り付ける掲示板も設置された。

実際、急速に人口増加が進み空き地が少ないダッカで、ワード清掃事務所の建設用地を新しく確保することは難しかった。候補地が見つかっても周辺住民を対象とした説明会を開くと、清掃員が集まる場所になることに住民が反対し、建設を諦めなければならないこともあった。そこで、モタレブやショフィクルの担当ワードのように、まずは既存の建物で使えるものを探して改修するという方法で、清掃事務所を設置していった。後にワード清掃事務所を中心とした活動が上手く進むようになると、当初は疑心暗鬼だった住民も肯定的になり、清掃監督員たちも自分の担当ワードに清掃事務所をつくろうと、既存の建物や新しく建設する候補地を自ら探してくるようになった。とはいうものの、候補地や改修候補の建物が見つかってもすんなりと清掃事務所がつくれたわけではなかった。

例えば、富裕層が多く住むダンモンディという地域では2カ所の候補地が見つかったが、その近くにあった花屋などから強い反対にあい、断念したということがあった。また、ダッカ大学の前にある清掃監督員が作った小屋を改修して清掃事務所にしようとしたが、大学側の反対で実現しなかった。さらに、あるところでは、清掃事務所の建設が始まったものの、同じ場所に新しいショッピングモールの建設計画が持ち上がり、途中で一方的に壊されるなど、さまざまな苦難に直面した。

　そんな状況の中でも、いくつかのワードでは新規の清掃事務所を建設することができ、最終的にはJICAのプロジェクト予算で15カ所、ダッカ市の予算で2カ所、合計17カ所のワード清掃事務所が設置された（2017年現在）。これに加えて、プロジェクトの後半には、清掃事務所の役割や重要性を理解した地域住民からの寄付や、清掃監督員が自ら負担するなどし、5カ所ほどが設置されている。これら5カ所は、ダッカ市には公認され

新設されたワード清掃事務所

第3章 クリーンダッカへの道

ワード事務所(ワード36)で清掃作業後に打ち合せをする清掃員ら　写真:谷本美加／JICA(2008年撮影)

ていないが実質的にワード清掃事務所として機能している。

　こうして設置していったワード清掃事務所を上手に使い、清掃監督員たちは、清掃員、住民、一次収集業者など地域の廃棄物管理を担う人々との関係をつくっていった。清掃監督員のショフィクルは、自分の担当ワードの清掃員たちを大事にし、また清掃員たちは、ショフィクルに信頼を寄せていた。清掃員を一方的に怒鳴りつけて管理するタイプの清掃監督員が多い中で、ショフィクルは清掃員との信頼関係を築きながら業務を改善していく良い手本となった。モタレブは、ワード清掃事務所で住民や清掃員から寄せられる相談や苦情に、丁寧に対応していった。彼はもともと数学の教師だったこともあり、説明が論理的で説得力があり、また、相手を観察して状況や問題を理解する能力も高かった。ワード清掃事務所を拠点とした活動を通じて、責任者としての自覚が芽生えたショフィクルやモタレブをはじめとする清掃監督員たちが自主的にさまざまな課題に取り組んでいくよ

ワード清掃事務所を中心とした廃棄物管理

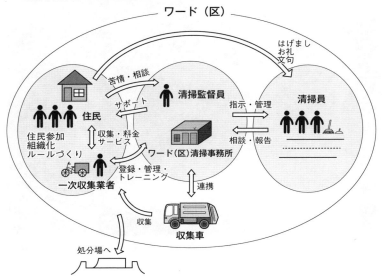

うになっていく様子を目の当たりにし、石井や岡本を中心とする専門家チームのメンバーは、ただ驚くばかりだった。

清掃員向けのワークショップ

ワード清掃事務所の設置とともに、WBAの2つ目のコンポーネント（WBA2）として取り組んだのが、清掃員を対象としたワークショップの開催や作業マニュアルなどの作成、清掃監督員と清掃員で構成された安全衛生委員会の設置だった。

ダッカ市で道路の清掃に携わる清掃員は約8,000人。彼らはダッカ市に雇われ清掃局に所属しており、毎日、朝と夕方に担当地域の清掃を行っている。ただ、彼らの仕事内容は明示的に定められておらず、また、清掃作業中に車と接触するなどの事故も発生していた。清掃員の業務を明

確にし、適切な労務管理と安全・衛生管理を行っていくこと、さらに清掃監督員と同様、清掃員にもダッカ市の職員であるという自覚と誇りを持って仕事に取り組んでもらうための意識改革が必要であった。

　マスタープラン調査のフェーズ3で清掃員の作業内容を調査した際に、1日2〜3時間程度しか働いていない人もいること、清掃作業がいつ始まっていつ終わったのか分からないこと、その日は何人が清掃作業をしたのか分からないこと、清掃作業の内容を正確に把握していないこと、作業中にけがをする清掃員が多いが実態が分からないこと、休暇のルールがはっきりしていないことなどが判明し、石井は清掃員の標準的な作業項目と安全・衛生のための留意事項をまとめた業務規定を作成していた。しかし、その業務規定は現場でなかなか浸透せず、清掃員の仕事に変化はなかった。石井は、ダッカをきれいにするためには、清掃員たちがしっかりとした手順に沿って、市の職員としての誇りと意欲を持って作業に取り組むことが必要だと感じていた。

　「どうして業務規定は現場の清掃員に受け入れられなかったのだろう」その答えを探すべく、あらためて清掃員たちがいつどんな作業をしているのか実態を把握するため現場に足を運び、彼らの作業をつぶさに観察するところから始めることにした。人によって作業が異なったため、清掃員の作業内容を把握することは想像以上に時間がかかる作業だった。その観察結果を踏まえて、石井は清掃監督員とともに業務規定に替わる清掃員向けの作業マニュアルの作成に取りかかった。

　現場での観察や清掃監督員たちとの議論の中で、作業マニュアルの内容は清掃作業の項目よりも、これまでさほど配慮されてこなかった清掃員の安全と衛生を確保するための項目が中心となっていった。その理由の一つは、清掃作業中の事故がとても多いことを知ったからだった。

　石井がダッカ市の清掃局で仕事をしているときに、時折、清掃員組合の関係者が訪れ、お見舞金を募っていた。聞けば、清掃員が作業中に

事故に遭いけがをしたり、死亡したりしたという。お見舞金を募りに来る頻度の多さに、石井は適切な清掃作業の前に彼らの安全と健康を守ることが重要だと考えたのだ。

　石井が清掃監督員たちと一緒になって作成した作業マニュアルには、「作業前に点呼をする」「作業前に準備体操をする」「用具点検をする」「安全具を着用する」「事故に遭わないように4人体制で作業する（安全監視1人、道路清掃2人、ゴミを運ぶハンドカート1名）」「けがをしたら関係機関に連絡をとり、すぐに決まった病院（医者）に運ぶ」「作業後は手洗いとうがいをする」「清掃後は作業の結果を清掃監督員に報告する」など、安全と衛生を確保するための基本的な事項を記載することにした。また、清掃員の中には道路清掃を行う清掃員の他に、ダストビンからゴミをトラックに入れる作業を担当するトラック清掃員もいるのだが、道路清掃が終わった清掃員はトラック清掃員の作業を手伝うなど、清掃員全体で協力し合うことも基本的な考え方としてマニュアルの中に明記された。このマニュアルは「安全作業マニュアル」と呼ばれるようになった。

　しかし、石井と清掃監督員が時間をかけて作成した安全作業マニュアルは、肝心の清掃員からの評判があまり良くなかった。というのも、清掃員の中には字が読めない者も多く、文字が中心のマニュアルでは理解できなかったのだ。そこで再度、イラストを多用したマニュアルに作り直した。清掃員の意見を聞きながら、何度も修正を繰り返して完成したマニュアルは、誰が見ても分かりやすいものになった。この安全作業マニュアルはダッカ市の承認を経て、8,000人の清掃員に配布されることになった。常に持ち運べるようにとポケットサイズにし、雨に濡れても破れない丈夫な紙を使うなどの工夫も凝らした。また、それまで清掃員たちは素足にサンダル、素手にほうきを持って清掃作業を行っていることがほとんどだったため、手袋、マスク、帽子、蛍光色で目立つ作業用のゼッケン、排水溝の清掃用の長靴といった安全具が配布されることになった。

第3章　クリーンダッカへの道

完成した清掃員向け安全作業マニュアル

　石井は、安全作業マニュアルの内容を清掃員たちに説明するためにワークショップを開催することを提案した。マニュアルを配るだけでは、現場の作業は変わらない。これは以前の経験から分かっていたことだった。清掃員に自分はダッカ市の職員であり市民のために仕事をしているという自覚と誇りを持ってもらうため、ワークショップは市庁舎で開催したいと石井は考えた。しかし、清掃員たちは市庁舎まで来ることに抵抗感を示した。ダッカ市の職員ではあるものの、清掃員にとって市庁舎は、現場からの物理的な距離以上に精神的な距離があったようだ。しかし石井は、だからこそ市庁舎に集まることに大きな意味があると考え、譲らなかった。何とか清掃員たちを説得することができた途端、今度はダッカ市の施設を管理する担当部署がワークショップを市庁舎内で開催することを拒んだ。石井は何度も交渉したが、最後まで許可が下りなかったため、やむを得ず代替の方法として、市庁舎の目の前にある公園で開催することにした。こうしたやり

取りからも、当時の清掃員たちが、いかにダッカ市の組織の中で軽視された存在だったのかがうかがえる。

　ワークショップを開催する際には、ダッカ市清掃局の局長が清掃員の参加を求める公式文書を出し、7〜8人の清掃監督員で準備をし、ワークショップ当日は他の清掃監督員10〜15人が助っ人に加わった。ダッカ市は移動手段を持たない清掃員たちを送迎するためにオープントラックを提供した。苦労しながらもどうにか開催にこぎ着けたワークショップだったが、ふたを開けてみれば、毎回300人もの清掃員が集まった。これだけの清掃員が一堂に会するのは初めてのことだった。ワークショップには毎回必ず清掃局の局長に出席してもらい、ダッカ市の廃棄物管理全体の取り組みを説明してもらった。これは、清掃員の役割が全体の中でどのように位置付けられているのか理解してもらうためだ。また、清掃員の代表者である清掃員組合の幹部には、清掃という仕事の社会的な意義について話してもらった。

　これまで、自分たちの安全や衛生について気にかけてもらったことなどなかった清掃員たちにとって、ワークショップは非常に大きな出来事となった。事故の危険が伴う道路の清掃も、4人体制で行うことでリスクを低くできることを学んだ。けがをしたときには、すぐ応急手当ができるように救急箱が清掃事務所に常備されること、また、けがや病気を防ぐため清掃に適した作業服や靴、ゼッケンなどの安全具が配布されることなども知った。ダッカ市が清掃員たちの安全や衛生を守る対策を検討し、こうして説明する場を設けてくれるなど、これまでは想像もできなかったことだった。

　もっとも、ワークショップへ参加した清掃員たちの多くは、当初、落ち着かない様子だった。ワークショップは時間にしておよそ20〜30分程度。短い時間ではあるが、清掃員にとってこのようなワークショップへ参加するのは初めてのことで、集中できる時間はそう長くはない。ワークショップの間ずっと座っていられなかったり、私語が多くなったりした。ポツリポツリと途中

第3章 クリーンダッカへの道

ダッカ市庁舎前の公園で行われた清掃員向けワークショップ（2008年撮影）

で帰る者も出てきたため、残るように促したこともあった。しかし、回数を重ねるごとに清掃員たちはワークショップに理解を示すようになり、清掃監督員も安全具の説明や安全作業マニュアルの説明が回を追うごとに上手になっていった。また、ダッカ市の衛生部からも医師免許を持つ職員がワークショップに参加し、救急箱の薬品について説明してくれるようになった。

　清掃員を対象としたワークショップの評判が広がるにつれ、他のワードからも開催してほしいという要望がダッカ市やJICA専門家チームに届くようになった。また、次第に町中でも安全具を着用して作業している清掃員の姿が見られるようになり、大きい道路では、交通事故を防ぐための4人体制による清掃作業が定着していった。この清掃員向けのワークショップは、プロジェクト期間中に46のワードを対象に開催され、のべ約5,000人の清掃員が参加した。

　WBA2の活動として、専門家チームは、ワークショップの開催に加えて

4人体制で清掃作業を行うようになった清掃員たち

　各ワードに清掃監督員と清掃員の代表数名で構成する安全衛生委員会を設置することを提案した。これは、清掃員の作業中に事故が起きたらその原因を話し合い、二度と同じ事故が起こらないようにすることを目的とした委員会で、月に1回程度の開催を目標とした。

　こうした安全や衛生を確保するためのマニュアル作成やワークショップの開催、安全衛生委員会の設置が、清掃員にどのような影響を与えたのか、また、ダッカ市側にどのような変化をもたらしたのかを明示的に示すことは難しい。しかし、これまでダッカ市からも住民からも軽視された存在であったが清掃員に、自分たちの仕事は市民の健康的な生活を守る重要な役割を担っているという意識が芽生えたことは間違いない。ダッカ市側にもまた、清掃員の健康や安全を守っていかなければならないという意識が徐々に醸成されていた。後日、ダッカ市の取り計らいで、清掃員たちが年に一度、無料で健康診断を受けられるようになったことからも、ダッカ市側の意

識の変化が見て取れる。こうした地道な取り組みが、ダッカ市が従来から行ってきた「道路の清掃事業」を総合的な「廃棄物管理」へと発展させていくための下地となった。

住民の住民による住民のための廃棄物管理

　WBAの3つ目のコンポーネント（WBA3）は、住民参加の促進による一次収集の改善である。既存の住民組織を生かしながら、コミュニティ・ユニット単位で一次収集の方法を決めて実践していく活動で、マスタープラン調査時にパイロットプロジェクトとして実施した住民参加の活動を継続し、発展させていくというものだ。

　一次収集を改善していくには、家庭からのゴミ出し方法を変えていく必要がある。そのためには、住民のゴミ問題への関わり方や意識を根本的に変え、行政が進める廃棄物管理に対する住民からの理解と協力を得る必要があった。

　プロジェクトの対象となった地域では、コミュニティ・ユニット・ワーキング・グループ（CUWG）を組織し、住民の代表者10数名ほどが参加するコミュニティ・ミーティングを通じて、その地域に合ったゴミ出しのルールを決め、そのルールをコミュニティ全体に広めていくという活動が行われた。これは極めて時間と労力がかかる取り組みだった。2007～2013年までのプロジェクト期間中に、18のワードの40コミュニティにまで活動は広がったのだが、実際、住民の参加や協力を得るには多くの苦労があった。

　モタレブやショフィクルと同じように、マスタープラン調査から活動に関わってきた清掃監督員のアミヌル・ラフマン・ビスワスは、学者や企業の社長などダッカ市の中でも裕福な住民が集まるワード45を担当していた。ワード45で住民参加促進の活動を開始したころ、ビスワスがコミュニティでミーティングを企画しても人が集まらず、話を聞いてくれる雰囲気すらなかった。そこで彼は、コミュニティ・ミーティングを開催する際にダッカ市の清掃局長に応

援に来てもらい、ワードのコミショナー（区長）にも参加してもらうなどした結果、少しずつミーティングに参加する住民が増えていった。

また、マスタープラン調査のフェーズ3の期間に、住民参加促進のための清掃監督員向けガイドラインを作成していたが、WBA3の活動の試行錯誤の過程と成果を踏まえてこれを改訂し、「住民参加型ワード廃棄物管理ガイドライン」を作成した。

このガイドラインでは、きれいなダッカの町、つまり「クリーンダッカ」の実現に向けた取り組みの柱として、住民が廃棄物管理のプロセスに関わっていくためのコミュニティの能力強化、一次収集の質の向上と効率化、一次収集サービス提供地域の拡大、ダッカ市民のゴミ問題に対する意識向上、市民・一次収集業者・ダッカ市の円滑な調整、が掲げられた。その上で、ガイドラインには、新しいワードやコミュニティで住民参加型の廃棄物管理を進めていく際の原則や具体的なプロセス・方法などが記載されている。

このガイドラインは、2011年に正式にダッカ市長の承認を得た。これは、ダッカ市が住民参加型廃棄物管理の取り組みを市の業務として位置付けたことを意味している。これでクリーンダッカ・プロジェクトが終了した後も、

住民参加型ワード廃棄物管理ガイドラインに記載された主な項目

- コミュニティで住民参加型廃棄物管理を行う際の原則
- ガイドラインが対象とする範囲
- 市民・一次収集業者・ダッカ市など関係者とそれぞれの役割
- ワード内の組織体制と役割
- 住民参加型廃棄物管理を行うプロセス（コミュニティの動員、コミュニティ・ユニット・ワーキング・グループの設立など）
- コミュニティごとの廃棄物管理アクションプランの実施方法
- コミュニティごとの一次収集業者の選定とダッカ市の承認プロセス
- 関係者間のコーディネーションの方法

ダッカ市が継続して住民参加型の廃棄物管理を他のワードにも展開していける環境が整備された。

当初、コミュニティ・ミーティングは、その地域のゴミや衛生問題に関して話し合うことを目的としていたが、それ以外のさまざまな問題についても議論されるようになった。例えばある地域では、治安対策のための街灯の設置や警備員の配置、住環境の改善に向けた下水や雨水の排水設備の問題などが話し

クリーンダッカ・プロジェクトの啓発活動として、町をきれいにしようと呼びかけるビルボード（看板）が市内の大通りに掲げられた

合われたという。コミュニティ・ミーティングやワード清掃事務所での住民対応を通して、清掃監督員の真剣な姿勢が住民に伝わり、ダッカ市が地域の問題に真剣に向き合おうとしていることが理解されるようになっていった。

ダッカでは、ゴミをポイッと道端に捨てるのは良く見かける光景だ。小さなゴミをリキシャやバスの窓から捨てるのは当たり前。こうした社会全体の意識を変えていく必要があった。そこで、クリーンダッカ・プロジェクトが開始される前の空白期間に実施した「クリーンダッカ・デイ」を拡大する形で、「クリーンダッカ・ウィーク」という啓発イベントを年に一度、行うことになった。2009年6月の世界環境デーに合わせ、第1回目が行われたこのイベントでは、ゴミをそこら中に捨てるのはやめて、クリーンダッカをつくっていこうというメッセージを込めた歌や踊りのほか、トークショーなどがダッカ市内の公園や市役所など、いくつかの会場で繰り広げられた。また、こうしたイベントに加え、2年目からワード対抗の「クリーンダッカ・コンテスト」が開催される

ようになった。このコンテストは、各ワードがクリーンダッカにつながる取り組みを独自で考えて実施し、それをイベント会場で発表するというものだ。このコンテストには、毎年50程度のワードが参加して、それぞれの取り組みを競った。また、住民による「町をきれいにしよう」という掛け声と横断幕などを掲げながら町を行進するラリーのほか、NGOが石鹸を配ってクリーンダッカを訴えるといったイベントなどが行われた。その様子は新聞やテレビなどのメディアでも取り上げられ、年を追うごとに盛り上がりを見せるようになっていった。このクリーンダッカ・ウィークは、2017年現在まで毎年行われている。

こうした活動を通じて、住民とダッカ市の距離は確実に縮まっていった。このJICAの廃棄物管理の協力が始まるまでは、住民から見たダッカ市のイメージは「高圧的」「汚職が多い」だったという。ダッカ市側も、自分たちの仕事が住民に対する"サービス"であるという認識はあまりなかったようだ。そうした両者の関係は、廃棄物管理の取り組みを通して少しずつ変わっていった。ワード清掃事務所を中心に地域の住民の参加を得ながら廃棄物管理を進めるやり方は、目に見えて効果を上げていったのだ。ワード清掃事務所の責任者として一国一城の主となった清掃監督員たちは、さらに前向きに仕事に取り組むようになった。清掃監督員にとってワード清掃事務所は、自分自身の仕事や役割がダッカ市や地域住民から認められたという象徴だった。また、ワード清掃事務所は住民に対する市役所の窓口として定着していった。WBA1やWBA3の活動を通じて、清掃監督員や清掃員の努力が住民に伝わるようになると、それまでは社会的な地位が低かったゴミにかかわる仕事が、「町の環境を良くする仕事」というように変化していった。「清掃事業に関わる人間に、誇りと使命感を持ってもらいたい」という石井をはじめとした専門家チームの思いは、徐々に現実のものとなりつつあった。

定時定点収集の試行導入

　2005年当時、44パーセントほどしかなかったゴミの収集率を向上させるため、4つ目のコンポーネント（WBA4）として取り組んだのが収集方法の改善である。ダッカではこれまで収集地点にコンテナを置き、コンテナキャリア車に積んで処分場まで運ぶか、ダストビンに集まったゴミをトラックに載せ替えて処分場に運ぶという収集方法を採っていた。しかし、この方法は衛生的にも景観的にも問題があった。これを根本的に解決するためには、日本でも多くの地域で導入されている定時定点収集が効果的だった。

　定時定点収集とは、家庭から出たゴミを決められた時間に決められた場所まで運び、収集車両に作業員が直接ゴミを積み込む収集方式である。この定時定点収集をダッカで行うには、住民に今までとは異なる方法でゴミ出しをしてもらう必要がある。また、ゴミを収集するダッカ市側も、現在の収集方法を改め、ゴミを決まった時間に回収してまわる必要がある。日本では定時定点収集は主にコンパクターを使って行っているが、コンパクターはコンテナキャリアやトラックに比べて操作や維持管理が難しいためダッカでは時期尚早ではないかというのが、マスタープラン調査時の日本側関係者の共通した見解だった。そのため、クリーンダッカ・マスタープランでは、まずは収集地点にきちんとゴミを集めることを重視し、短期的には市内に配置されるゴミ収集コンテナの数を増やしていくことを提言していた。

　クリーンダッカ・プロジェクトの中でワード・ベースド・アプローチ（WBA）の取り組みが始まり、ワード清掃事務所の設置（WBA1）や住民参加型の廃棄物管理の活動（WBA3）により、コミュニティとの対話が活発になると、住民からゴミ捨て場となっているコンテナやダストビンへの不満が多く寄せられるようになった。コンテナやダストビンには常にゴミが溜まり、周辺にゴミが散乱し、ゴミの臭いが漂い周囲の環境を害していたからである。一方、WBAの活動を通して、住民と一次収集業者と清掃監督員の関係が構築され、コミュニティレベルの廃棄物管理が活発になり、住民の理解

や参加も得られるようになっていた。このような状況の変化を踏まえて、当初は導入が難しいと判断されていたコンパクターによる定時定点収集を導入していくことも可能なのではないかと、ダッカ市、プロジェクトの専門家チーム間で何度も話し合いが行われた。

　こうして「ゴミの効率的な回収と環境改善のためにコンパクターを導入し定時定点収集を行う」という方向性が確認されると、石井は早速JICA事務所にコンパクターを試行的に購入することができないか相談した。しかし、コンパクターは1台1,000万円もする高価な機材である。プロジェクトの活性化という理由だけでは購入は難しい。また、コンパクターを導入する場合は、プロジェクト終了後も含めて運用や維持管理をしっかりやっていく必要がある。そこで石井は、まずはダッカ市が持っているオープントラックを使って定時定点収集を試してみることにした。ダッカ市清掃局の関係者も定時定点収集の試行に理解を示し、清掃監督員と共に活動を開始した。

コンテナの周りにはゴミが散乱し清掃に時間がかかる

その試行方法とは、あるコミュニティでゴミの収集地点と収集時間を決めておき、住民にはそれに合わせてゴミ出しをしてもらい、収集時間にダッカ市がオープントラックでゴミを順次回収していく、というものだった。それまで好きな時間にコンテナやダストビンにゴミを捨てていた住民にとって、ゴミを出せる時間が限られることは負担になるが、収集地点を増やしたことで、コンテナやダストビンよりも家からの距離が近くなるという点はメリットだった。

当初、50リットルのポリバケツを使って住民に収集地点までゴミを持ってきてもらおうと考えたが、各家庭に金銭的な負担が発生する上に、購入までに時間がかかることなどが懸念された。そのためポリバケツの使用はやめ、より安価な紙袋をプロジェクトで用意して住民に配り、それにゴミを入れて出してもらうことにした。まずは一つのコミュニティ（ワード76の一部）を対

紙袋を使った定時定点収集の様子（2008年撮影）

常設のゴミ捨て場だったダストビン（2005年撮影）

ゴミが散乱していたダストビンが花壇に生まれ変わった（2009年撮影）

象に住民説明会を開き、1カ月分の紙袋を配布し、定時定点収集の実験を始めた。実質的には、ここがWBA4の一つの活動である既存の収集システムの改善（WBA4-B）に取り組む最初の活動地域となった。

　当初、ゴミの出し方を変える意味が理解されておらず、紙袋を使ってくれない住民も多くいた。しかし、そのワードを担当する清掃監督員だけでなく、他のワードからも10人以上の清掃監督員が応援に駆け付け、拡声器を使って紙袋の使用を呼び掛けるなどした結果、決まった時間に収集地点に出される紙袋の数が徐々に増え、定時定点収集の形が生まれていった。このコミュニティには、もともと2つのダストビンがあったが、定時定点収集の導入によって、1つのダストビンが次第に使われなくなり撤去することになったが、その後、地域住民が地元のNGOと協力してそこに花を植え、花壇がつくられた。

　この定時定点収集の実験を行っていた時、石井と眞田はダッカの社会

第3章 クリーンダッカへの道

に適した収集方法についてよく議論をした。雨が多く町中が度々浸水するダッカで、紙袋でのゴミ収集は難しいのではないか、試行が終わった後に住民は紙袋を用意できるのかなど、論点は尽きなかった。雨が降った日に、石井が現場を見に行くと、住民は雨を避けるように紙袋に入れたゴミを出してくれていた。しかし、この地域は低所得者層が多かったこともあり、配布した紙袋を使い終わると、案の定、住民が紙袋を購入することはなかった。石井は紙袋での収集に代わる方法を考えていたところ、驚くことがあった。導入は難しいと思っていたポリバケツを住民は自分たちで用意して、定時定点収集を継続したのである。所得層に関係なく、自分の住むコミュニティがきれいになることに住民は価値を見出し協力してくれたのだ。

　試行の結果、定時定点収集の一つの大きな効果は、これまで常にゴミが溜まっていたダストビンやコンテナの周辺の環境が改善したことである。

紙袋にかわり定時定点収集に使われるようになった大型のポリバケツ（2008年撮影）

一次収集業者が存在するコミュニティでは、住民に代わって一次収集業者が大型のポリバケツを使って家庭からゴミを回収し、ポリバケツから直接トラックに積み込んでもらうことにした。ポリバケツを使った方法に行きつくまでには試行錯誤があった。当初はポリバケツではなく、いわゆるレジャー用のブルーシートを袋にしたようなものを用意し一次収集業者に使ってもらおうとしたが、なかなか従来の作業のやり方を変えてもらえなかった。袋を使うと、リキシャバンからトラックへのゴミの積み替えが容易だと分かると、次第に袋での収集が浸透したが、この袋は引きずると破れてしまうという欠点があった。そこで、1年くらいで袋を使うことを諦め、住民が自ら直接、収集地点までゴミを持っていく地域同様、ポリバケツに切り替えることになった。この定時定点収集の試行導入では、それまで1時間半ほどダストビンからトラックへのゴミの積み替えに要していた時間が10〜20分にまで短縮され、しかも作業が衛生的になるという効果も確認された。こうして、2008年から始まった定時定点収集は、その後、ダッカ市内の6つのコミュニティに広がっていった。

　この定時定点収集を導入するために何度となく開催された住民や一次収集業者への説明会では、清掃監督員のファシリテーション能力が如何なく発揮された。清掃監督員たちはプロジェクトを通じて住民との対話をスムーズに行うことの必要性を感じ、ファシリテーションの方法を学びたいと専門家チームに要望してきたことがあったのだ。そこで専門家チームは、クリーンダッカ・プロジェクトの活動として、清掃監督員向けに参加型アプローチに関する研修を実施した。彼らがコミュニティでの活動や研修を通じて住民との対話力を高めたことで、住民のWBAに対する理解がさらに深まり、住民がコミュニティ・ユニット・ワーキング・グループ（CUWG）を組織し、主体的に計画をつくり実行していくところも出てきたのである。

舞い込む朗報

　定時定点収集の試行導入など、コミュニティレベルでの廃棄物管理の活動が活性化していく中で、関係者の頑張りに報いる朗報が舞い込んだ。2009年2月、12億1,500万円の環境プログラム無償資金協力による「ダッカ市廃棄物管理低炭素化転換計画」の実施が決定した。日本政府の支援により、コンパクターを含む100台の収集車両がダッカ市に導入されることになったのだ。

　この環境プログラム無償資金協力は、温室効果ガスの排出削減に貢献し、気候変動により深刻な被害を受ける開発途上国を支援するため、2008年に新設された新しい無償資金協力の形態だ。主な支援対象の分野は、太陽光発電、地熱発電、洪水対策、森林保全、廃棄物管理などとなっている。ダッカ市に対する無償資金協力は、気候変動対策の一環として、二酸化炭素排出量の少ない廃棄物収集車両の導入を目的として行われた。廃棄物収集車両の燃料をガソリンから圧縮天然ガス（CNG）に切り替えることにより、低炭素型社会への転換を推進する、という考え方に基づくものであった。

　この無償資金協力の実施が正式に決定するまでは、山あり谷ありだった。そもそも、廃棄物管理の実施体制がきちんとできていない途上国が多い中で、収集車両のような機材供与を行う案件は、供与された機材がきちんと使われるか、維持管理体制が整っているかなど、案件採択のハードルが高い。ダッカの場合、ゴミの発生量に対して収集車両数が絶対的に不足していることは明らかだったが、まずはダッカ市が廃棄物管理の体制を整備することが優先課題だったため、クリーンダッカ・プロジェクトを実施していた。しかし、将来的には必ず新しい収集車両が必要になると考えていた眞田は、プロジェクトで住民参加型の廃棄物管理に向けた取り組みが進展していくのを確認しながら、外務省が取りまとめる無償資金協力の候補案件として、手を上げ続けていた。

関係者の間では、ダッカ市に収集車両を供与するタイミングについて、さまざまな意見があった。ダッカ市だけでなく、多くの開発途上国の都市では、廃棄物管理に関する行政能力や予算が不足している。一方で、急激な都市化に伴ってゴミの発生量も増える中で、収集車両が不足してゴミが収集できず、衛生環境が悪化するという状況が多く見られた。このような状況を目の前にして、廃棄物管理の計画づくり、行政の体制整備や人材育成、住民参加の仕組みづくりとともに、収集車両の増強も同時に行っていく必要があるのではないか、収集車両の導入・運用も一緒に行っていくことで効果的な取り組みができるのではないかと、多くの関係者が議論した。そうしたタイミングで、気候変動対策に対する国際社会からの要望に応える形で日本政府が「環境プログラム無償資金協力」を新設し、ダッカの廃棄物収集車両供与の案件がその第一号案件として実施されることが決まったのだ。これはとても幸運なことだった。候補案件は他にもあったが、WBAの活動を通じて、導入後の効果的な活用に向けた条件が整っていたダッカの案件が選ばれたのだ。

　「この無償資金協力の実施にあたっては、現場から上げ続けていた手を見ていて、一番良いタイミングで引っ張ってくれる人たちがいました。そして、案件を実現するためにすぐにダッカに調査と協議のために飛んできてくれた人たちがいました。クリーンダッカの取り組みは、いつも理解ある人たちによる複数のエンジンで、少しずつですが、確実に前に進んでいったように思います」と眞田は振り返る。

　実際に、無償資金協力の調査団がダッカ入りしたのは、眞田がダッカの駐在を終える約2週間前だった。ギリギリでたすきをつなげることができたという安堵感でダッカを後にした。その1年後に、眞田はJICA本部で再びダッカの廃棄物に関わることになる。

　気候変動対策として実施されたこの無償資金協力により、100台の収集車両が供与されることで、CNGを燃料としたコンテナキャリア車1台の1

日当たりの二酸化炭素排出量は約45キロから約17キロに削減。ゴミ収集率も58パーセント（2010年）から67パーセントに改善されることが見込まれ、温室効果ガス排出の削減、気候変動の緩和、そして住環境の改善が期待された。

　ついに2010年7月、ゴミ収集車両が不足していたダッカ市に、初めてコンパクターがやってきた。無償資金協力では計100台の収集車両が供与されたが、その内訳は、コンパクターが35台と、大型コンテナ車が20台、CNGを燃料としたコンテナキャリア車が45台だった。コンパクターはWBAの活動で試行的に導入した定時定点収集を普及するため、また、コンテナキャリアはまだ市内に多く存在するコンテナによるゴミ収集を適切に実施していくためのものだ。また、ダッカ市内の野菜市場で大量に発生するゴミは大型のトレーラーで運んでいたが、小回りが利かず、処分場でもゴミを決められた場所に捨てられずに困っていた。そのため、野菜市場でのトレーラーの使用を廃止し、20台の大型コンテナ車に入れ替えた。もともとダッカ市ではコンテナキャリア車を使っていたので、コンテナキャリア車と大型コンテナ車には慣れており、専門家の指導も必要なかった。他方、コンパクターは、ダッカ市関係者にとっても初めて扱う収集車両だった。

　新しい収集車の導入を担当した専門家はモハマード・リアドであった。リアドはカイロの大学で学び、卒業後は日本の会社で開発途上国への支援の仕事をしており、日本人よりも日本人らしい人物というのが、彼を知る人たちの人物評である。英語も堪能でイスラムの文化にも精通し、何よりもその人柄でダッカ市職員からの信頼は厚かった。リアドは当時を振り返ってこう話す。

　「一番の課題は、初めてダッカに導入される35台のコンパクターをどうやって運用していくかでした。ダッカ市の収集車の運転手はコンパクターを運転したり、操作したりしたことがなく、ダッカ市もどのように運用していけばよいのか分からなかったのです」

無償資金協力で導入されたコンパクター(2010年撮影)

野菜市場に設置された大型コンテナ車(2010年撮影)

第3章 クリーンダッカへの道

無償資金協力で供与されたコンテナキャリア車(2010年撮影)

無償資金協力で建設された収集車両の修理工場(2010年撮影)

リアドはまず、コンパクター1台当たり1日に2回、処分場にゴミを運ぶこと（2トリップ）をダッカ市に提案した。ちなみに、日本では1台1日当たり通常3〜4トリップである。しかし、この提案に対してファルキの後任に当たるチョウドリー清掃局長は反対した。ダッカ市にはコンパクターを運用した経験がなく、適切なトリップ数の判断はつかないとした上で彼が指摘したのは、コミュニティで一次収集を担っている一次収集業者がコンパクターの導入にどう関与するのかをまず整理すべきということだった。この時点でオープントラックを使って定時定点収集を行っているコミュニティがあり、一次収集業者もかかわってはいたが、まだその位置付けや方法が確立されていなかったのだ。

　この指摘は、石井やリアドたち専門家チームも予想していたものだった。コンパクターは、これまで定時定点収集を試行してきた地域を中心に導入することが想定されていた。各家庭から決まった時間にゴミを収集地点まで運び、集まったゴミを市がコンパクターで収集する一方、一次収集業者が家庭から集めたゴミを収集している地域では、住民が直接ゴミを持ってくることはない。一次収集業者がリキシャバンで集めてきたゴミをコンパクターに入れるために、一旦すべてのゴミを外に出し、改めてコンパクターに入れる作業をしなくてはならない。オープントラックを使った定時定点収集の試行導入でもそうだったように、一次収集業者が各家庭からポリバケツを使ってゴミを集め、収集地点に運ぶ方法が一つの選択肢だった。しかし、この方法ではいくつものポリバケツを収集地点に置きっぱなしにする必要があり、一次収集業者はポリバケツが盗まれないよう見張りを置かなければならず、人件費がかさんでしまうという問題があることが分かっていた。また、1つのポリバケツで収集できる量が少ないので、何度も家庭と収集地点を往復する必要があり作業が非効率になる。さらには、収集が終わった後に多数のポリバケツを保管する場所もない。つまり、ポリバケツを使った場合、一次収集業者とコンパクター収集の共存はそのままでは難しいのだ。

この時、この状況を打開するヒントを提示したのが、リアドと共にコンパクターの導入を指導した荒井隆俊であった。荒井は、環境プログラム無償資金協力でダッカに供与される車両を有効活用するための専門家として、途中からクリーンダッカ・プロジェクトに参画していた。住民の慣習や生活形態は地域ごとに異なる。結果として、ゴミ出しや収集に対する制約、ニーズも地域によって異なり、一次収集業者の役割もまた異なってくる。そこで荒井は、地域ごとに導入可能な収集形態を分類した。

　WBA3の住民参加型の廃棄物管理に取り組む岡本も、約5,000人もいる一次収集業者をどのように活用すべきかを検討していた。ちょうどそのころ、一次収集業者組合ができたばかりで、ダッカ市にとっては一種の圧力団体になりつつあった。それは、一次収集業者を排除することなく、どうやってコンパクターを導入するかを関係者が頭を悩ませていた時だった。岡本は、これまでの活動で地域住民らと多くの接点があったダンモンディ地域（ワード49）に、まずはコンパクターを導入してみないかと提案した。比較的裕福な層が住むこの地域は、WBAの取り組みに当初から参加するなど環境への意識も比較的高く、各家庭でポリバケツを用意できる可能性が高いと考えられたからだ。

　それからというもの、荒井の分析を参考に、石井と岡本は毎晩ダンモンディへ足を運び、清掃監督員と一緒になって住民への説明を行い、一次収集業者と共にポリバケツを使った収集方法を試した。しかし、残念ながら一次収集業者からは、ポリバケツを使うと1回当たりの収集量が減り、扱いが面倒とのことで結果は思わしくなかった。そこで、ダンモンディ地域に適した形にアレンジしていく方法を模索した。一次収集業者、清掃監督員らといろいろと検討していく中で、ポリバケツは使わずに、今まで通りリキシャバンを使って各家庭からゴミを集め、決められた時間に収集場所に持っていき、コンパクターに直接ゴミを積み替えるという方法を採用することになった。これであれば、リキシャバンからコンパクターへのゴミの積み替えはポリ

コンパクターを使った収集システムの分類

①たらいを用いた直接積込システム
▶一次収集業者は、リキシャバンをコンパクターの横に駐車し、収集車両に乗ってゴミの積み替え作業を担当する清掃員（トラッククリーナー）がたらいを用いて、直接、リキシャバンからコンパクターにゴミを積み込む。

②プラスチックのビンを用いたステーション収集システム
▶一次収集業者は、ポリバケツで各家庭からゴミを回収し、回収後、ポリバケツを指定の収集地点に置く。
▶トラッククリーナーは、ステーションに置かれたポリバケツにゴミを積み込む。

③戸別収集システム
▶ダッカ市は対象エリア内にたくさんの収集地点をつくる。
▶住民、アパートの作業員、事業所の従業員等は、コンパクターが到着したと同時に、ゴミを自ら収集地点に運搬する。
▶トラッククリーナーは、住民等が持ってきたゴミをコンパクターに積み込む。

バケツよりは時間がかかるが、各家庭からのゴミ回収は一往復で終わらせることができる。

このダンモンディでの取り組みをベースに、コンパクターによる定時定点収集をさらに5つの地域に導入することにした。これらの地域では、当初、一次収集業者の理解が得られず、苦労する一幕があった。一次収集業者の理解が得られるか否かは、収集したゴミの中から、お金になる有価物を回収できるかどうかが一つのポイントだった。一次収集業者は、住民から収集する料金に加えて、収集したゴミの中から金属やプラスチックなどの有価物を集め売却して副収入を得ていたからだ。各家庭から得られる収集料金は極わずかだ。多くの一次収集業者は、元締めからリキシャバンを有料で借りて収集作業をしているため、有価物は彼らの重要な収入源であった。

ゴミ収集という仕事に対する対価は、多くの開発途上国で低く設定され

清掃監督員が中心となり住民や一次収集業者に大型のポリバケツを使った定時定点収集の説明が行われた（2010年撮影）

ている。日本でも、ゴミ収集が公共サービスとして位置付けられ、それに携わる職員に対して比較的高い給与が支払われるようになったのは、それほど昔のことではない。東京では、戦後、清掃従事者の給与が安かったため、ゴミの収集をしながら有価物を回収し、収入を自ら補てんしていた時代があった。行政が有価物の回収をやめるよう指導するとともに、次第に清掃従事者の給与を上げていった結果、有価物の回収は行われなくなった。そういう意味でダッカはまだ過渡期にある。

　一次収集業者による家庭からのゴミ収集のしやすさや有価物の回収方法など、現場での試行錯誤を繰り返す中で、各コミュニティに適した収集方法を検討していった。また、現場に根付いた活動を続けていく中で、住民との対話もできるようになっていたことで、一次収集業者を排除せずにコンパクターを導入することができ、徐々に新しい方式が定着していった。一次収集業者は、地域ごとに決めた収集方法で各家庭からゴミを集めた後、コンパクターが収集地点に来るまでの1〜2時間に、ゴミから有価物を集めることになった。住民の利便性や一次収集業者の収益にも配慮したコンパクターによる定時定点収集は、近代的な収集方法としてダッカ市民に歓迎されたのだった。

　比較的裕福な住民が多い地域では、特にコンパクター導入によるインパ

地域特性ごとのコンパクターの導入方法

導入地域	排出、積み替え、収集方法
商店、レストラン、事務所が多い地域	従業員や建物ごとに雇った清掃員が、ゴミを決まった時間帯に収集地点まで運ぶ。
住宅地（一次収集業者がいる地域）	一次収集業者がリキシャバンを使って各家庭からゴミを集め、決まった時間帯に収集地点まで運ぶ。リキシャバンからコンパクターへのゴミの積み替えにはたらいなどを使う。
住宅地（一次収集業者がいない地域）	住民もしくは集合住宅ごとに雇った清掃員が、ポリバケツなどを使って、ゴミを決まった時間帯に収集地点まで運ぶ。

第3章　クリーンダッカへの道

ダンモンディの公園に置かれていたコンテナ(Before)

コンテナを撤去し景観が良くなったダンモンディの公園(After)

クトが大きかった。最初に取り組みを始めたダンモンディ地域には、ダンモンディ・レイクという池のある大きな公園があるのだが、もともとその公園沿いの道路に12個のコンテナが置いてあった。それが、コンパクターが導入され定時定点収集が始まると、すべてのコンテナが撤去され、公園の景観がよくなり、それまで以上に環境の良い住民の憩いの場所となった。最近では若いカップルのデートスポットとして賑わっているという。

コンパクターで潮目が変わった

　ここから、コミュニティでのコンパクター導入に向けた本格的な活動が始まった。コンパクターを試行的に導入した6つの地域での経験を踏まえ、対象となるコミュニティの住民らにコンパクターを導入する目的やそれによる収集方法の変更について説明し、了解を得るのが基本的な活動だ。ダッカはもともとコミュニティの境界がはっきりしないことが多く、意見をまとめるのが難しい。そのため、住民参加の促進に向けた活動と同様に、意見がまとまりやすい地域から話を進めていくことにした。また、WBAの活動により、ワード清掃事務所を中心とした住民参加型の廃棄物管理体制がつくられ、きちんと清掃活動が行われている地域を対象とすることで、さまざまな取り組みの相乗効果が期待できると考え、そうした地域に優先的にコンパクターを導入することにした。

　コンパクターを使った定時定点収集に切り替えることで、コミュニティの各所に置かれて常にゴミが溜まっているコンテナがなくなり、周辺環境が明らかに良くなる。また、道路上に鎮座するコンテナによって交通を阻害されることがなくなるなど、コミュニティにとっての利点も多く、思ったよりもスムーズにコンパクターの導入が進んだ。コンテナを使っていたときのように、住民は24時間好きな時にゴミを出すことはできなくなったが、ゴミの悪臭もなくなり、カラスやネズミなどもいなくなるなど衛生環境も良くなることは、住民にとっても大きなメリットだったようだ。

第3章　クリーンダッカへの道

ポリバケツとコンパクターによるゴミ収集を行う作業員はマニュアルでヘルメットや手袋、反射ベスト等の安全具の使用が義務付けられている（2010年撮影）

　また、各家庭からポリバケツを使って住民自らゴミ出しをしてもらう収集方法を導入した地域では、コンパクターはゴミの積載量が多いため収集効率が良いだけでなく、作業が短時間で終わり、コンパクターへのゴミの積み替えにポリバケツを使うので作業が衛生的で、作業風景が見た目にもきれいだった。すると、これまで住民から敬遠されていたゴミの積み替え作業自体が受け入れられるようになり、しばらくすると、他の地域の住民からも自分のコミュニティにコンパクターを導入してほしいという要望が寄せられるようになった。

　石井はこれまでさまざまな開発途上国で廃棄物の仕事をしてきたが、ゴミの収集方法が地域の慣習や文化、生活様式によって大きく異なることをこれほど痛切に感じたことはなかった。現場に足を運び、地域住民の生活や慣習を理解し、さらに現場職員の声を聞くことで、「町の衛生環境や景観を損なう大きな原因となっているコンテナがなければいいのに」という

潜在的なニーズを発見することができた。これが、コンパクター導入を円滑に進めるために極めて重要だった。住民のニーズに即しているという確信があれば、住民にも自信を持って説明ができるからだ。

コンパクターの導入や、定時定点収集による収集改善に石井と一緒に取り組んだ専門家のリアドは、当時のダッカ市はWBAの活動を通じてコンパクターを導入するための条件が整い、タイミングも良かったと話す。

「ダッカ市はゴミの運搬能力、つまり収集車両の数が圧倒的に足りなかった。ダッカ市の技術職員も清掃監督員も住民もそれは分かっていました。クリーンダッカ・プロジェクトの活動を進める中で、収集・運搬能力を高めることは、いくらダッカ市の職員や住民が協力して頑張っても、それだけでは達成できません。新しい収集車両を導入するしかないと考え始めた時、タイミングを計ったように無償資金協力の実施が決まったのです。供与する収集車両を既存の収集方式のコンテナキャリアのみにするのかコンパクターも含めるのか、当時大きな議論がありましたが、車両の維持管理の面からは、ダッカ市が使い慣れているという点で普通のオープントラックあるいはコンテナキャリアの方が良いという考え方もありました。しかし、コンパクターの運用が始まるとすぐに、ダッカの町や社会の状況を考えると、このタイミングで導入したことは適切だったと確信しました。ダッカ市の技術職員からも清掃監督員からも住民からも、コンパクターは受け入れられました。新しいことを始めるときには、いつも何らかの抵抗が起きていたダッカですが、コンパクターによる定時定点収集の拡大に関しては、ダッカをきれいにするために今までの方法を変えていかなければいけないという、暗黙の了解のようなものがあった気がします」

この頃になると、ダッカ市清掃局内での清掃監督員の立場は変わり、彼ら自身の能力も向上してきた。WBAという取り組みを通して、技術局の技術職員や運輸局の職員とのコミュニケーションが活発になり、また彼らの力も認められるようになり、それぞれの役割や責任も明確になってきた。ダッカ

市内に90あるワードには、それぞれ平均100人の清掃員がいて、さらに一次収集業者もいる。一次収集業者の中には、各ワードのコミッショナー（区長）と関係が深く多くの従業員を抱えている者もいれば、まったくの個人でやっている者などさまざまだった。それぞれ異なる人たちを取りまとめていくのは難しい業務だが、それをWBAの枠組みやコンパクターの導入という機会を使って、現場の清掃監督員たちが見事に成し遂げた。

　WBAは、ダッカ市の部署間の連携をどうやってつくっていくか悩み、試行錯誤の中から始まった取り組みだったが、コンパクターの導入を境に大きく潮目が変わった。清掃監督員だけでなくダッカ市の技術職員や住民など、関係する人々が廃棄物管理の意味や意義を実体験の中から理解し、互いに協力していくようになったのだ。プロジェクトが始まった頃は、お互いに話もしなかった技術職員と清掃監督員だが、プロジェクトの後半では、ユスフをはじめとする技術職員が清掃監督員の業務をサポートするために奔走するなど、異なる部署の職員同士が一緒に業務を行う姿が見られるようになっていった。そして2011年のプロジェクトの最終年（実際には、プロジェクトは2013年まで延長された）までに、6地区でコンパクターを試行的に導入した経験をベースに、市内の38地区で住民説明会や一次収集業者への説明を行い、無事、導入された35台すべてのコンパクターを稼働させることができた。

　2003年にマスタープラン調査を開始して以来、清掃監督員の人材育成は比較的順調に進んでいった。住民参加の促進に向けた活動のほか、青年海外協力隊と一緒に環境教育にも取り組んだ。

　「彼らはプロジェクトの中でとても重要な役割を担い、実際に熱意をもって仕事に取り組んでくれました。住民とのコミュニティ・ミーティングを開催したり、学校での環境教育の活動を青年海外協力隊と一緒に行ったり。文字通り、休日返上で取り組んでくれたのです」と、石井は清掃監督員の奮闘ぶりを高く評価する。

技術職員と清掃監督員が協働した活動

協働で実施した活動	活動の内容
WBAに関する議論	清掃局(後に、廃棄物管理局に改編)の局長か技術職員が議長を務め、多くの清掃監督員が参加、収集改善など、課題の解決方法を共に議論した。
清掃員向けワークショップ	ワークショップの内容は専門家と清掃監督員が相談して決めた。安全作業マニュアルの説明は清掃監督員が行い、廃棄物管理事業全体の説明を技術職員が行った。
コンパクターの導入	コンパクターを導入する際の住民説明会では、その目的や概要を技術職員が説明した。清掃監督員は、実際にコンパクターを導入する際の、住民や一次収集業者などと現場の調整を担った。
コミュニティミーティングの開催	当初、技術職員は住民参加の活動に関心を示さなかったが、徐々にコミュニティミーティングの開催に協力してくれるようになった。
廃棄物管理のデータの共有	清掃員の勤務状況、稼働した収集車の台数、一次収集業者のリキシャバンなどの車両数など、ワード清掃事務所が毎日収集するデータをゾーン事務所に提出し、最終的に廃棄物管理局がダッカ市全体の廃棄物管理に関するデータを取りまとめることになった。この仕組みは、2011年6月にダッカ市の正式な業務として条例化された。
事業改革への取り組み	クリーンダッカ・プロジェクトが始まったことにより、ダッカの廃棄物管理事業に多くの改革と変化が生まれたが、これにより少しずつ自信を持った技術職員と清掃監督員は、廃棄物管理の将来像について議論するようになった。また、自分たちが行いたい改革をプロジェクトの活動の中で取り組む動きがでてきた。

　プロジェクトの途中から導入されたWBAは、ダッカ市全体の能力強化を視野に置きつつも、現場の清掃監督員を軸に最小行政単位であるワードから廃棄物管理を改善する取り組みだった。清掃監督員を中心に、清掃員の代表者、住民、一次収集業者など、現場の関係者を育成し、廃棄物管理を現場から実行する、一言でいうならWBAは「現場の足腰を強くする」アプローチだった。その現場での取り組みを通して、ダッカ市の清掃局、運輸局、技術局などの職員も含めた関係者が廃棄物管理とは何なのかを理解し、それぞれの役割を認識し、お互いに協力して町をきれいにしていこうという意識と行動の変化につながっていったのだ。

ワードベースアプローチの実績

段階	実績
WBA1	15区で区(ワード)清掃事務所の建設、ダッカ市で独自に2カ所、清掃監督員が自費で5カ所建設
WBA2	46区で約5,000人に研修実施、2010年度より排水清掃員への講習も開始
WBA3	18区で40エリアに実施
WBA4-A	35台のコンパクターを38区で導入
WBA4-B	42区で収集改善実施

【コラム】青年海外協力隊が住民らと排水路を清掃

2006年からダッカ市には継続的に青年海外協力隊（JOCV）が派遣された。隊員の発案で、2012年5月にダッカ市内の排水路の清掃イベントが行われた。

当時、ダッカ市内の排水路には大量のゴミが投棄され、流れが悪くなっていることで、雨が降ると浸水する原因になっていた。そこで隊員は、清掃監督員やJICA専門家チームのショリフさんと相談し、排水路の清掃をイベントとして行うことをダッカ市廃棄物管理局長に提案した。この提案が認められるまでの数カ月間、諦めずに粘り強く交渉したという。

そもそもの原因は住民らによるゴミのポイ捨てだ。そういう意味では、ただ単に排水路を清掃するだけでは問題は解決しないと考え、隊員は地域の住民や学校関係者、宗教関係者、NGO団体、学生、民間企業など、多くのステークフォルダーを巻き込むことで、ゴミ問題への関心を高めてもらうように工夫したのだ。

多くの人が参加し行われた清掃イベントは、ダッカで初めての試みとなり、メディアからも大きな注目を集めた。清掃後の排水路が見違えるほど美しくなっただけでなく、ゴミ問題に対する人々の意識を高める大きな一歩となった。

ゴミで覆われた排水路を清掃する人たち

見違えるほど美しくなった排水路

第4章

処分場の改善と行政組織の改編

悪臭を放つゴミ処分場

　河川下流部のデルタ地帯に位置する大都市は、一般的に洪水の影響を受けない土地から開発が進む。さらに人口が増加し新しい土地が必要になると、今度は湿地が埋め立てられていく。その時、ゴミもまた埋め立ての材料として使われる。ダッカでも市内のいたるところにある湿地がゴミで埋め立てられていった。ゴミの収集が行われていない地域では、家の裏に広がる湿地や川にゴミが投げ捨てられていた。また、ダッカ市の収集車による二次収集が行われている地域でも、集められたゴミが郊外まで運ばれ、湿地の埋め立てに使われることが頻繁にあった。これでは住民が家の裏手の湿地や河川にゴミを捨てているのと、結局ゴミが適切に処理されていないという点では何も変わらない。ゴミの量を考えれば、むしろ二次収集の方が問題を深刻化させる。にもかかわらず、湿地の地主の中には、土地として利用しやすくするために、ゴミでもよいから埋め立ててくれと市に依頼する人が後を絶たなかった。国土全体が低地で高い山もないバングラデシュでは、「土」は高価なのだ。

　大量にゴミを運んで湿地を埋め立てるためには、運んできたゴミを敷きならすため、ブルドーザやパワーショベルが必要になる。これらの重機はダッカ市が所有するものだったため、市民の目からは市が管理しているように見える埋立地ができた。ベリーバンドやウットラと呼ばれたダッカ市北部の埋立地は、そんな非公式な処分場だ。

　一方、東部にある「マトワイル処分場」は、計画的に作られたダッカで唯一の公式な処分場である。ゴミが流出しないように埋立地の周りに堰堤（えんてい）が作られ、その上部にゴミの運搬用道路が設けられている。ダッカ市の土木技術者が管理をしていたが、事務所はなく、ただ収集車がゴミを搬入し、何台もの重機が稼働しているだけの野積みの処分場だった。

　やや専門的になるが、埋立方式は大きく分けて2つある。ただ何もせずにゴミを無計画に捨ててゆく「オープンダンピング」と、ゴミを捨てた後に土

をその上に薄くかぶせる「コントロールダンピング」である。さらに、このコントロールダンピングに埋立地から染み出てくる浸出水を処理する汚水処理施設を備えたものを「衛生埋立」という。

　埋立地の内部で、野菜くずなどの有機ゴミは微生物の力を借りて次第に分解していく。埋め立てた当初は、ゴミの間や隙間に酸素があるため、ゴミは効率的に分解される。これが好気性分解と呼ばれるものだ。しかし、その酸素がなくなると嫌気性分解が始まる。このような埋め立てを「嫌気性埋立」というのだが、ゴミが分解されるまでに時間がかかり、その過程でメタンガスが発生する。

　これに対して、通風機などを用いて地中に空気を送り込み、微生物による分解を促していくのが「好気性埋立」だ。こちらは分解時間が短く、分解すると二酸化炭素が発生する。二酸化炭素の温室効果はメタンガスの25分の1といわれており、地球温暖化に与える影響もより小さくなる。また、埋立地からしみ出る浸出水は嫌気性と比べ水の汚れ具合を示すBOD（生物化学的酸素要求量）の値が低い。しかし、好気性埋立は空気を送り込むのに送風機を用いるため、設備の建設費用も電気代などの維持管理コストも高くなる。

　このコスト面のデメリットを改善したものが「準好気性埋立」だ。準好気性埋立は、埋立地の底部に浸出水を集めるための大きな管を敷設し、その管に垂直に埋立地内で発生したガスを抜く管を接続する。それによって、自然にガス抜き管と集排水管から埋立地内部へ空気を流入させ、廃棄物の好気性分解を促進し、集水する段階でできる限り浸出水を浄化するという仕組みになっている。

　開発途上国では、生ゴミなどの有機ゴミをそのまま埋め立てるので、準好気性埋立ならば空気は自然通風で入るため分解は早く、汚水処理も嫌気性よりも簡単になる。この準好気性埋立は、1970年代にゴミの埋立地から出る汚濁水や悪臭などの問題を抱えていた福岡市が福岡大学と共同で

開発した方式であるため「福岡方式」とも呼ばれている。準好気性埋立は、その後、日本国内で多く採用され、1979年には厚生省（当時）がまとめた最終処分場指針の中で標準構造として定められた。また、1997年に福岡市で開催された「第2回アジア太平洋都市サミット」の実務者会議で福岡方式として紹介されたことで、国際的にも広く知られるようになった。

　話をマトワイル処分場に戻そう。ダッカで唯一の公式な埋立地であったマトワイル処分場の埋立方式はオープンダンピングで、ただゴミを捨てるだけの場所だった。オープンダンピングの処分場は、風が吹けばゴミは周囲に飛散し、ゴミから出る汚水は地下に浸透するため環境汚染が広がってしまう。もちろん、マトワイル処分場について、それまでダッカ市が何もしてこなかったわけではない。マスタープラン調査が開始された2003年当時、ダッカ市はオープンダンプしたゴミが場外に流出しないように、埋立地の周りに堰堤を建設する工事を行っていた。処分場の工事はダッカ市のチーフエンジニアをトップとする技術局が担当していた。その技術者に対して、処分場の建設や管理を指導したのは阿部浩である。

　マスタープラン調査が開始された当初、阿部がダッカ市のチーフエンジニアを交えて会議を行った時、限られた処分場を最大限活用していくためには、ゴミを高く積み上げ覆土し、衛生的に処理していく必要があることを説明すると、「ダッカ市ではゴミを山のように盛り上げるという発想はない」と言われたことがあるという。

　阿部は、20年近く前にマレーシアでJICAのプロジェクトに関わっていた際にも同じような経験をしていた。マレーシア側の廃棄物の担当者から「湿地をゴミで埋め立てて平らにすると、他の部局から次の利用計画が決まったので早く埋め立てを終えて土地を明け渡せと要求され、高くゴミを積み上げることができない」と言われたことがあった。阿部は、処分場の管理を担当するダッカ市の技術局からも「ゴミを高く積み上げる技術も機材もないので、これまで他の部局からの明け渡してほしいという要求を断れなかっ

改善事業前のマトワイル処分場(2005年撮影)

処分場の道路には汚水が染み出している(2005年撮影)

た」と説明され、開発途上国ではこのような状況が常態化しているのだと思った。技術や機材の不足、土地利用に関する他部署や地権者からの圧力などでゴミを高く積み上げられなければ、埋立地はすぐにいっぱいになってしまう。これが、ダッカで処分場用地が不足している理由の一つだ。ゴミを高く積み上げるためには、埋立地の法面工事や作業道を整備しなければならないのだが、埋立地の地盤はゴミでできているので軟らかい。ゴミ山が崩れてこないように法面を工事することも、重量のある車両が登れる車路をつくることも、経験ある土木技術者がいなければ難しい。従って、十分な技術力が育っていない途上国では、処分場にゴミを高く積んでいくことはできない。過去、同じような境遇にあったマレーシアは、日本人専門家の支援を受けてゴミを高く積み上げる方法を習得したが、果たして、ダッカにも近代的な埋立技術が根付くだろうか。ちなみに、東京都の最終埋立処分場である中央防波堤では、30メートルの高さまでゴミが積み上げられている。

近代的な衛生埋立処分場に

　ゴミの収集システムが改善されて町中のゴミは少なくなっても、そのゴミを受け入れる処分場が手つかずのままでは、廃棄物問題は解決しない。マスタープラン調査の結果を踏まえ、マトワイル処分場は、ゴミが飛散しないようにゴミを捨てたら覆土をしながら高く積み上げる、ゴミから出た汚水が地下に浸透しないよう粘土層など水を通さない土地を選ぶか遮水のシートを敷く、埋立地の底部にたまった汚水はパイプで集め汚水処理を行う、といった対策を講じることで環境汚染を防ぐ「衛生埋立」を目指すことになった。これが実現すればバングラデシュで初めての事例となる。

　ゴミを捨てるだけのオープンダンピングだったマトワイル処分場を衛生埋立処分場へと改善する工事には、日本の「債務削減相当資金」を活用することになった。これは、日本政府がバングラデシュ政府の円借款債務

の一部を債権放棄という形で免除し、バングラデシュ政府の中で返済のために留保されていた資金を埋立地改善の事業資金として活用するというものだ。つまり、処分場の改善に係る費用はバングラデシュ政府が負担するという位置付けになり、事業に対する主体性がより強いものとなる。日本側はその主体性を支援するため、改善工事や完成した処分場の運営・維持管理に関する技術協力をマスタープラン調査の中で行うことになった。

2005年秋にマトワイル処分場の改善事業がスタートすると、ダッカ市は工事の設計を地元のコンサルタントに発注しようと考えた。しかし、それまでバングラデシュに衛生埋立処分場が造られたことはなく、設計できるコンサルタントは存在しなかった。そこでダッカ市は、バングラデシュで最も技術力が高いバングラデシュ工科大学の教授に設計を依頼したのだが、ここで困った問題が起きた。教授よりダッカ市技術局の技術職員の方が、処分場やゴミに関する知識や経験が勝っていたのだ。にもかかわらず、誰も教授に反論したり、意見を言ったりすることはなかった。バングラデシュの文化なのか、技術職員のほとんどが同大学の卒業生であったためなのか定かではない。マスタープラン調査でゴミ処分場を担当した齋藤正浩が当時を振り返る。

「当初、バングラデシュ工科大学の教授たちは埋め立てたゴミからメタンガスを回収して有効利用することができる嫌気性埋立を考えていました。技術的にもコスト的にもマトワイル処分場での適用は非現実的なことをダッカ市の技術職員は知っていたのですが、誰も何も言いませんでした」

そこで齋藤は、気密性の高さが求められる嫌気性埋立は準好気性埋立と比較して、ダッカではとても高価な土を大量に必要とすること、また、これまで適正なゴミの埋立作業を行ったことがない作業員たちが、技術的に高度で危険を伴うガスの回収作業を行うのは難しいということを粘り強く説明し、理解してもらった。最終的には、バングラデシュ工科大学の教授たちは準好気性埋立を採用することに納得し、マトワイル処分場を衛生埋

立地へと改善する設計を完成させのだが、ダッカ市技術局を通じてそれを技術的に支援したのは阿部や齋藤ら日本人専門家だった。

マトワイル処分場の改善工事が始まると、現地の施工業者の能力が十分ではなかったため、ダッカ市の施工監理を支援する齋藤も苦労が絶えなかった。コンクリートを作るための水に、ゴミから染み出した汚水を使おうとするなど、日本では考えられないことの連続だったという。また、処分場全体を覆う悪臭、ゴミに群がるハエなどの虫、ネズミやそれを狙うトンビ、犬などが多い環境の中での改善工事だった。

プロジェクト全体の活動を見ていた眞田は、ダッカ廃棄物のプロジェクトの中で、マトワイル処分場が環境的に一番厳しい現場だったと振り返る。

「改善されるまでの処分場はゴミを野積みしただけの場所でした。車で入っていくと道の横に積まれたゴミが、まるで立山黒部アルペンルートの雪壁のように立ちはだかっていました。作業員の健康と安全を確保することはもちろん、ウェイストピッカーが重機に巻き込まれるなどの事故が起こらないよう、作業現場とゴミを拾う場所とを分けるなどの対策が取られました」

バングラデシュは国土全体が低地で、建設材料としての土が少なく高価であるという課題に対して、齋藤らは微生物によって分解が進んだ「ゴミと土の中間という感じの状態のもの」を使って覆土するという柔軟な発想で対応した。土と比べると臭いもあり、分解されづらいものはまだ形が残っている。そうした意味では、正確には「覆土」ではなく「覆ゴミ」とでもいうべきかもしれない。

こうした苦労や工夫をしながらも、マトワイル処分場の改善工事は2007年9月に完了し、翌10月に完成式典が行われた。式典には、ダッカ市長や在バングラデシュ日本大使らが列席し、バングラデシュ初の衛生埋立処分場の完成を盛大に祝った。

マトワイルが衛生埋立処分場として生まれ変わると、ダッカ市の上層部が次々と視察に訪れるようになった。ゴミの山だった処分場が劇的にきれい

改善事業後のマトワイル処分場(2007年撮影)

マトワイル処分場の管理棟(2007年撮影)

第4章 処分場の改善と行政組織の改編

ゴミ量を把握するためのマトワイル処分場の重量計（2007年撮影）

マトワイル処分場には収集車の洗車場も設置されている（2008年撮影）

になったのを自身の目で確認してもらうことで、処分場を適切に管理することの重要性に対する理解が広がり、徐々にではあるが処分場の運営・維持管理に必要な予算が確保されるようになっていった。

　マトワイル処分場の改善工事と並行し、ダッカ市は新規の処分場であるアミンバザール処分場の建設も進めていた。ダッカ市の北西に位置する建設予定地は、もともと、将来的に処分場を建設するための用地としてアジア開発銀行（ADB）の事業の中でダッカ市が確保していた場所だった。ゴミの流出を防止する外周の堰堤までをダッカ市の予算で建設し、衛生埋立処分場として必要な施設や設備の整備には、マトワイル処分場の改善工事と同じく日本の債務削減相当資金が使われることになった。

　その後、アミンバザール処分場は2009年7月に完成し、運用が開始された。しかし、建設地が洪水調整地域になっていたことから、環境保護団体から処分場の建設用地として適地ではないと指摘され裁判となった。そのため、一時、裁判所からゴミの搬入の禁止を言い渡された時期があった。その期間は、土地所有者の依頼で処分場の周辺に広がる低地にゴミが運び込まれ、埋め立てられた。2013年に裁判は結審し、処分場として正式に運用が再開されたが、この結果、アミンバザール処分場の周辺にはゴミで埋め立てられた多くの土地ができてしまった。

オペレーションは俺たちの仕事じゃない!?

　マトワイル処分場の改善が進むと、次の課題は処分場を適切にオペレーション（運用）していくことだった。2007年2月に開始されたクリーンダッカ・プロジェクトでは、まず、処分場を管理する組織である「ランドフィル・マネージメント・ユニット」（処分場維持・管理ユニット）を清掃局の下に立ち上げることになった。処分場で動かす重機のオペレーターは技術局から来てもらい、それ以外のスタッフは清掃局からの異動で対応することにし、トップは技術職員のタリク・ビン・ユスフが務めた。業務は、車両の搬入を管

理する部門、重量計の管理部門、処分場へのゴミの投入を管理・監督する部門、重機のオペレーションをする部門の4つに分けられ、最終的にランドフィル・マネージメント・ユニットは総勢約90名の大所帯となった。

　マトワイル処分場の改善工事が完了してから2～3年間は、スタッフの経験が追いつかず、またオペレーションの予算が十分ではなかった。そのため完全な衛生埋立処理はできず、ゴミから出てくる汚水の処理や十分な覆土を行わないコントロールダンピングでゴミの埋め立てを行っていた。

　ダッカ市に限らず、開発途上国の自治体で新しい予算を獲得していくというのは並大抵のことではない。マトワイル処分場にダッカ市の上層部が視察に訪れるようになり、維持管理の重要性が認識されるようになると、次第に予算が付くようにはなったものの最初から満額を得ることは難しかった。本来であれば即日覆土といって、ゴミを積み上げたらその日のうちに覆土する必要がある。ダッカでは土が大変高価なため、代わりに昔埋め立て

ランドフィル・マネジメント・ユニットの制服を着たスタッフ　写真：谷本美加／JICA（2008年撮影）

られたゴミを土の代わりに使う予定だった。しかし、雨季になるとゴミがぬかるんで土の代替として使えず、年の数カ月間はやむを得ず即日覆土の実施は見送ることになった。

　埋立地内には、ゴミの埋め立ての進捗に合わせて、ゴミを搬入する車両が通るための道路と、ゴミを投棄するダンピングプラットフォームを建設しなければならない。しかし、処分場の運営・維持管理費が不足していたこと、また、将来的にはゴミに埋まってしまうことを考慮し、大きな鉄板を使って臨時の道路やダンピングプラットフォームをつくった。

　「打合せの中で、鉄板はダッカでは高価なものだから盗まれる心配はないのか、鉄板をきちんと運用できるのかという議論もありました。結局、普通の鉄板だと薄すぎて壊れやすいことや、盗難を回避する目的もあって、重機でないと動かせない分厚い鉄板を使用することになりました。重機でひっかけて移動するための丸い穴をあけた鉄板を組み合わせて道路をつ

ゴミを投棄するダンピングプラットフォーム（2006年撮影）

くったのです。齋藤さんは、技術的に必要な解決策を常に編み出す専門家でした」と眞田は振り返る。

　浸出水の処理についても、予算の制約に技術的な問題も重なり、軌道に乗るまでに長い時間を要した。改善工事でつくられた浸出水処理池でエアレーションが開始されたのは、完成から約3年が経過した2010年のことだ。このエアレーションとは、ポンプなどの機器を使ってゴミから出た浸出水に空気を送り込み、酸素を供給することで微生物の分解を促進させる方法のことだ。しかしこの処理方法では、汚水の性状によっては排水基準をクリアできないことが分かった。ダッカ市から解決を委ねられた齋藤は「生物・化学処理」と「高度処理」を組み合わせた方法を提案し、2012年12月に試験的に導入した。この試験導入で有効性が実証され、後にアミンバザール処分場でもこの処理方法が採用されることになった。

　マトワイル処分場のオペレーションでもう一つ、重要な取り組みがあった。

ゴミから出た汚水の処理施設（2008年撮影）

処分場にはガスを抜く管も設置された（2008年撮影）

搬入されるゴミの量をしっかりと把握し、管理していくことだ。マトワイル処分場の入り口には、ゴミの量を計測するためにトラックスケール（車両重量計）が設置された。これでゴミの積載重量が分かるようになったが、抵抗したのは運転手と運転手組合だった。トラックスケールに乗ってしまうと、何回ゴミを運び込んだのかを示すトリップ数と実際に運んできたゴミの量が明らかになってしまうからだ。燃料代は自己申告制で、運転手はトリップ数を水増しして燃料代をダッカ市運輸局に請求していた。そこでプロジェクトでは、マトワイル処分場にバリケードを設置して、強制的にトラックスケールに乗るように道を造ったり、ランドフィル・マネージメント・ユニットのスタッフが車両を誘導したりと、さまざま方法を試みたが、バリケードは突破され、誘導したスタッフと運転手の小競り合いが起きた。運転手が所属している運輸局に改善を申し入れても、運転手組合の力が強く、運転手たちの協力を得ることはとても難しかった。

　状況を何とか打開しようと、石井と齋藤をはじめとする専門家がいろいろ調べていくうちに、収集車両の運転手にはランクがあることが分かった。コンテナキャリアはベテランが乗り、オープントラックは若い人が乗る。コンテナキャリアのベテランドライバーは、ランドフィル・マネージメント・ユニットのスタッフの言うことをまったく聞かなかった。そのため、すべての収集車両をトラックスケールに乗せるには、清掃局で独自に運転手を雇用するしかないと考え、実際に新しい運転手の募集を検討したこともあった。こうした攻防は無償資金協力でコンパクターが入った後も続いたが、ワード・ベースド・アプローチ（WBA）の活動を通して住民と収集車両の連携が進むにつれ、徐々に昔からの運転手もプロジェクトの活動に協力的になりトラックスケールにも乗ってくれるようになった。

　他方、マトワイル処分場へのゴミの搬入は、日中の交通渋滞が激しいため夜間も受け付ける必要があった。そのため、処分場のオペレーションは24時間体制になる。処分場の運営維持管理の責任者であるサイトマ

ネージャーは日中のみの勤務であり、問題がよく起こる夜間は、サイトマネージャーをサポートする監視官やゴミ運搬車両の誘導とゴミ埋立重機の作業管理を行うダンピングインストラクターが処分場を管理している。そうした意味で、昼夜を問わず処分場のオペレーションを支えていたのは、ダンピングインストラクターであった。

　彼らはもともと町中の清掃をする清掃員だった人が大半で、処分場のオペレーションの「オ」の字も知らない素人だった。これまで清掃員として日の当たらない場所で働いていた彼らは、プロジェクトに関わることに喜びを感じ、一生懸命に働いた。しかし、オペレーションが始まって何年かすると、真剣に働く人と手を抜く人とに分かれてきた。その状況を見て石井と齋藤はダッカ市と協議し、懸命に働くダンピングインストラクターを監視官に昇格させることにした。「一生懸命頑張れば監視官に昇格する」ということは、元清掃員の彼らに夢を与え、さらなるやる気を引き出す結果となった。また、バングラデシュ初の衛生埋立処分場となったマトワイル処分場には、他の都市や他ドナーの関係者などが多く視察に訪れるようになったことも、仕事に対する誇りや自信を深める効果があった。そんな中の数人のスタッフは清掃員だったころより格段に成長し、訪問者に対して処分場の概要やオペレーション方法などを説明するまでに成長した。彼らが市内の道路で清掃員をしていたころに現在の姿を想像できた者はいなかっただろう。

　こうしたマトワイル処分場のオペレーションを進めていく中で、当初、プロジェクトではあることが大きな問題となっていた。処分場の改善工事の設計と施工監理で重要な役割を果たしたダッカ市技術局の技術職員が、処分場が完成し、オペレーションに移った途端に態度が変わり「オペレーションは現場の作業員の仕事で、技術者の仕事ではない」と言い始めたのだ。彼らは、設計や施工が技術者の仕事であり、オペレーションは現場の作業員の役割と軽視していた。技術者と作業員は違うという彼らの意識を変えるのはとても大変な仕事だった。また、埋立地を管理する技術局と、実

際に日常的なオペレーションを担うランドフィル・マネージメント・ユニットの中心となっている清掃局は、縦割り行政の弊害や部署間のヒエラルキーなどもあって、決して良好な関係ではなかった。そのため、技術局から十分な数の重機と必要な燃料を提供してもらえないこともあった。齋藤は技術局の重機やオペレーターを清掃局へ移すよう要望したが、ダッカ市は認めなかった。

　石井や齋藤は技術職員に対して現場での実施指導に加え、日本での研修やインドやネパールでの第三国研修に参加してもらうことにした。研修では、海外の廃棄物管理行政や処分場を見てもらい、オペレーションには埋立計画や将来の施設計画など、技術職員にしかできない仕事があることを学んでもらうようにした。特に日本での研修は効果的で、研修の成果としてマトワイル処分場のオペレーション上の課題を整理し、その改善方法をレポートにまとめて帰ってくる技術職員もいるほどだった。

　こうした過程を経て、マトワイル処分場の改善工事の設計や施工管理を担当した技術局の技術職員、オペレーションを支える清掃局の監視官やダンピングインストラクターは、お互いの仕事と役割を理解し認め合うようになっていった。

マスタープランで描いた組織改編

　マスタープラン調査が開始された2003年当時、ダッカ市の廃棄物管理は複数の部署に分かれて行われていた。ゴミの収集運搬や車両管理は運輸局、市内の清掃は清掃局、廃棄物処分場の建設など技術的業務は技術局というように、管轄部署が細かく分かれていたのだ。いわゆる縦割り行政であり、部署間の横の連携もほとんどなかった。そのため、市全体のゴミの発生量や発生場所、処分量も把握されておらず、廃棄物行政全体の予算がいくらあるのかも分からなかった。ダッカ市の廃棄物行政の全体像を把握している人間がいない状況だったのである。

人口が膨らみ続ける首都ダッカで、適切に廃棄物管理を行っていくためにはどうすればいいのか。当時のダッカ市のゴミの状況を知れば、廃棄物の専門家でなくても、自ずと多くの疑問が湧いてくるはずだ。ゴミがどこでどのくらい発生しているかが分からないと、効率的にゴミ収集することができないのではないか。収集されるゴミの量が分からないと処分場の管理が難しいのではないか。住民のゴミ捨てと市のゴミ収集のルールは連動していないとうまくいかないのではないか。それらを解決するために行政の指令系統を統一し、一元的な廃棄物管理を行う体制が必要だという共通認識が、マスタープラン調査の進捗とともに関係者の間でも醸成されていった。その結果、2005年3月に策定されたマスタープランには、ダッカ市の廃棄物管理を一元的に所掌するための組織として廃棄物管理局（WMD）を設立することが盛り込まれた。実現すれば、市役所内に新設する廃棄物管理局は既存の清掃局をベースとして、廃棄物行政全体の管理・計画・評価、コミュニティにおける廃棄物管理、ワード（区）の清掃事務所を中心とした道路清掃とゴミ収集、最終処分場の運営など、関連業務のすべてを担うことになる。この提案について、マスタープラン調査団やJICAはダッカ市の関係者と何度も協議を重ね、市長や実務を指揮監督する首席行政官（CEO）の承認を得ていた。しかし、実際には廃棄物管理局の設立が承認されるまでの道のりはとても遠いものだった。

　マスタープラン調査の終了後、廃棄物管理局の設立を目指し、ダッカ市の技術職員であるタリク・ビン・ユスフやアブドル・ハスナットはバングラデシュの地方自治省など関係省庁へ何度も足を運んだ。ダッカ市の行政組織を改編するためには、省庁の承認が必要になるのだ。眞田も彼らをサポートする中で、想像をはるかに超えた多くのハードルが待ち受けていることを知った。

　当時、ダッカ市の関係部署は、マスタープランに「ダッカ市の廃棄物管理を一元的に担う廃棄物管理局を設立する」と記載することに反対するこ

マスタープランで提案した廃棄物管理局の組織図

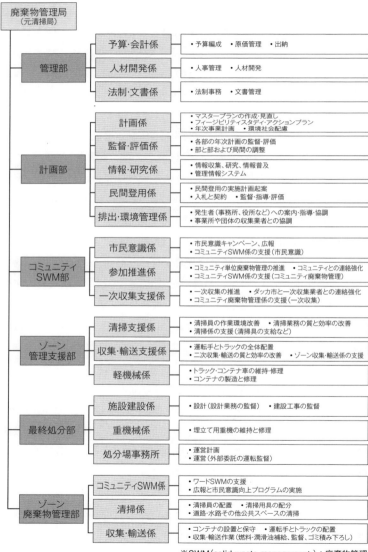

※SWM(solid waste management)：廃棄物管理

とはなく、直接聞いても問題はないということだった。彼らにとってマスタープランは単なる計画であり、実は誰も計画が実行されるとは夢にも思っていなかったのだろう。実際に廃棄物管理局の立ち上げに向けた交渉が始まると、それぞれの部署が持っている業務と権限と予算と人員が切り取られることに対して、大きな抵抗があった。ある程度の抵抗は織り込み済みだったが、さらに交渉を進める中で、これまでプロジェクトを一緒に支えてきた技術局の技術職員たちですら、葛藤しているのが見て取れた。新しい局とはいえ、JICAの協力が始まる前まで自分たちより下の存在だと思っていた清掃局を母体とする部署に組み込まれることに対して、強い拒否感があったのだ。

　眞田は、実際に廃棄物管理局ができても、技術職員たちのプライドと清掃局職員を下にみる意識が新しい局の中で問題の火種にならないかと心配していた。また、新しい組織の中で具体的に誰がどのポジションにつくのか、という駆け引きも始まった。廃棄物管理局をつくるためには中央省庁の承認が必要になり、ポジションが決まるのはかなり後の話になるのだが、自分が望むポジションにつけるかどうかで組織改編に対する賛否が変わってくるとばかりの状況だった。さらに問題の種は尽きなかった。廃棄物管理局を設立するに当たり、他局から人員を異動させるだけでなく、業務量の拡大に合わせて増員する必要があった。これに乗じて、他の部署でもさまざまな理由をつけ職員を増やそうという動きが出てきて、ダッカ市として国の関係省庁に提出する書類がなかなかまとまらなかった。一方で、次から次へと抵抗勢力やら新しい論点やらが出てきたのは、関係者がようやく組織改編を現実のものとして捉え、真剣に考え始めた証拠でもあった。

　ダッカ市の組織改編を外部からサポートしていた眞田は、「当初から廃棄物管理を一元的に担当する部署の必要性は関係者で認識されていたし、その提案を盛り込んだマスタープラン自体もダッカ市長の承認を得ていました。ただ、具体的に部署の業務内容を変える、人を動かす、人を雇

う、ということは、目的は正しくても簡単なことではありません。組織はこうあるべきと紙に書くのは簡単ですが、実際にそれを実現することは多くの痛みと困難を伴います。外の人間からは正論であっても、脈々と続いてきた社会や組織の仕組みは、それなりの理由があって続いているもの。ただ、ダッカが社会的にも経済的にも大きく変化する中、行政や社会も変わるべき時期にあったことは間違いないと思います」と話す。

　廃棄物管理局が本当に設立できるのか、先がまったく見えない時期もあった。ただ、廃棄物管理局ができなければダッカの廃棄物管理は根本的には改善しない。何が何でも必ず実現につなげるという決意と覚悟は、眞田だけでなくすべてのプロジェクト関係者が共有していた。

新しい組織づくり

　ダッカ市は、市が設立されてから30年以上、一度も組織改編を経験したことがなかった。廃棄物管理局が設立されることに対して、市の関係者が警戒したのは無理もなかった。市役所内部の調整はプロジェクトに関わっている技術部長のユスフと技術課長のハスナットが中心となって行っていたが、内部の調整が難航していることが彼らの疲弊具合からも伝わってきた。

　組織改編は、ダッカ市にとって初めての手続きであるため、手順を知っている人間がいなかった。一つ一つプロセスを確認しながら手続きを進める必要があり、最終的にいつ市役所内で承認が下りるのか分からない状況が続いた。三歩進んで二歩下がる。放っておくと何も進まない。進捗状況はまさにこんな調子だった。ダッカに赴任してから年々ひどくなる交通渋滞の中、眞田は市北部グルシャン地区にあるJICA事務所から、市南部にあるダッカ市役所まで、多いときには週に数回、片道1時間以上かけて出かけて行った。ユスフやハスナットと手続きの進捗を確認したり、作戦会議を開いたり、関係省庁への説明に同行したりと、根気強くサポートした。また折りに触れて、ダッカ市の上層部、例えば首席行政官（CEO）

らとも面談し、手続きが早く進むよう申し入れたりした。

　2008年1月、ようやく廃棄物管理局の設立がダッカ市から承認された。しかし、本番はここからである。地方行政を所管する地方自治省、人事院、財務省など、中央政府の承認が必要だった。眞田は再び、ユスフやハスナットとともに何度も関係省庁へ出向き、なぜこの組織改編が必要なのか説明を重ねた。時には、日本大使館からもバングラデシュ政府に対して申し入れをしてもらったこともあった。そして2008年8月、ついに国の承認が下り、マスタープランで提案した一元的に廃棄物管理を行う部署の設立が現実のものとなった。2005年3月にマスタープランをまとめてから、実に3年以上が経過していた。

　しかし、組織づくりはまだ始まったばかりだ。国に承認された組織図上、配置されることになっていた職員数は441人だが、実際にはすぐに定員が

国に承認されたダッカ市廃棄物管理局（WMD）の組織図

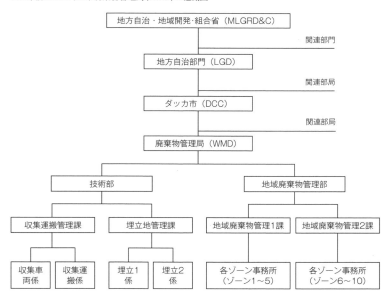

充足されるわけではない。実際に必要な人員が配置され、本来望まれている局としての機能を果たすまでには、さらに別の長い道のりがあった。

　廃棄物管理局の設立が国から承認されたことを受け、ダッカ市は段階的に組織改編を行っていくことになった。元の清掃局長が廃棄物管理局長を務め、その下に埋立地の建設・運用、収集車両の管理・運用を担当する「技術部」と、ゴミの収集を担当する「地域廃棄物管理部」の2つの部が設けられた。他方、2008年8月に廃棄物管理局が正式に承認されてから長い間、なかなか十分な人員が配置されなかった。廃棄物管理局の設置が国からの承認を得て正式に決まってからもなお、それを良しとしない勢力が少なからず存在していたのだ。

　廃棄物管理局の技術部収集運搬管理課には、運輸局から収集車の運転手153人が異動してくることになっていた。しかし、これまでの業務の中で得ていた燃料費などの既得権益を失うのではないかと懸念した運転手たちは、運転手組合の力を使って異動を拒否してきた。さらに運転手たちは、廃棄物管理局の設立を撤回し、元の組織に戻すようダッカ市に対して要求したのだ。

　マスタープラン調査やプロジェクト活動の中でも、これまでずっと運転手や運転手組合の協力を得ることに苦労してきたとはいえ、設立撤回の要求は予期せぬ事態だった。もちろん彼らの主張を受け入れるわけにはいかない。そこでダッカ市と交渉し、最終的には廃棄物管理局で新規に運転手を雇用することになった。運転手以外でも、ダッカ市の既存の勢力と新規に採用する人員とのポストを巡る争いが発生し、予定していた廃棄物管理局の人員体制が整わないという状況が続いた。

　ダッカ市の人事制度はもともと硬直的で、一旦どこかの部署に配属されると、部署間の異動はほとんどない。また、ポジションごとの資格要件が厳しく決められているため、同じ廃棄物管理局内の技術部と地域廃棄物管理部間の人事異動もない。昇格も稀である。例えば清掃監督員として採

用されれば、退職までずっと清掃監督員であることが多く、それが職員にとっての潜在的な不満要因になっていた。どんなに努力をしても昇格することがないため、仕事のインセンティブが生まれにくいのだ。

　新しく廃棄物管理局が設立された際、例外的に給与体系が見直されて給与が上がった職種がある。それが清掃監督員だった。さらに、廃棄物管理局が設立されてから5年後の2013年には、そのうち数人がいくつかのワードが集まって形成されるゾーン（地区）事務所の清掃部長に昇格した。この昇給と昇格は、ダッカ市では依然として稀なケースだが、清掃監督員たちにとってはかなり大きなインパクトのある出来事となった。プロジェクトで建設された各ワードの清掃事務所を拠点として、担当するワードの衛生環境に責任を持つようになり、しかもその仕事ぶりが認められれば昇格し、市庁舎で清掃事業を管理する管理業務も任されるようになるのだ。彼らにとっては、将来のキャリアの展望が開けるという意味で劇的変化といっても過言ではなかった。

　マスタープラン調査が開始された2003年当時から積極的に活動してきた清掃監督員の人生にも、プロジェクトは大きな変化をもたらした。プロジェクトが始まってしばらくしてから、ショフィクルやモタレブなど数人の清掃監督員は、衛生環境について学ぶため夜間の大学に通い始めた。プロジェクトの活動の中で住民との接点が増えた彼らは、廃棄物管理は町の衛生環境や住民生活にとってとても重要な仕事であることに気付き、専門性を高めようと学び始めたのだ。大学に通い始めたのは、まだ廃棄物管理局が設立される前だったが、組織が変わり、昇格や昇給の可能性が生まれた。実際に、ショフィクルはゾーン事務所の清掃部長になった数人のうちの一人だ。

「ゴミ収集」から「廃棄物管理」へ

　プロジェクトの活動を行っていく中で、ダッカ市のゴミに関する業務の捉え

方は単なる「ゴミ収集」から総合的な「廃棄物管理」へと変わっていった。一元的な廃棄物管理を実現するためにダッカ市に廃棄物管理局を設立することは重要だが、それと同じくらいやらなければならなかったのが事業指針の見直しである。

　当時、ダッカ市の清掃局長の任期は3年だったのだが、人が変わっても廃棄物管理の方針や活動がぶれないようにする必要があった。そこで、石井はダッカ市の廃棄物管理行政の今後数年間の方向性を定める事業指針の見直しに取り組んだ。実は2008年に最初の「廃棄物管理事業指針」を作成したのだが、作成の過程で多くの関係者の意見をとり入れたのがいけなかった。掲げられた活動を網羅的に並べるだけのものとなってしまったのだ。そこで2012年に、廃棄物管理事業指針の改訂版を作成することになった。今回は、議論の透明性を確保するとともに、外部への情報発信の役割も兼ね、バングラデシュ工科大学教授3名、著名な民間のNGO代表者など外部委員も交えて議論を行った。廃棄物管理事業指針は同年にダッカ市の承認を受け、公式な文書となった。

　また、地方自治体を所管する省庁が定めた廃棄物に関わる法律と廃棄物管理事業指針を実行していくための細かなルールを定めた「事業実施細則」を作成した。清掃監督員、清掃員、運転手などは、この細則に基づき業務を行っていくことにしたのだ。加えて、各部署から出てきた廃棄物管理に関わる予算について、事業指針、事業実施細則、クリーンダッカ・マスタープランに沿ったものとなっているかを査定する手続きを決め、関係部署と調整や折衝を行って予算を編成する仕組みをつくった。

　このような取り組みを通して、ダッカ市の幹部も行政の立場から廃棄物管理を理解し実践するようになった。行政が制度や文書で動くのは、どの国も同じだ。組織に廃棄物管理の考え方を行政の公式文書という形で残すことで、ダッカ市の仕事の仕方を変えていったのである。

改訂廃棄物管理事業指針

1. 廃棄物管理局の組織強化
廃棄物管理局の全職員配置／大量排出者および大規模事業者の廃棄物管理料金徴収システムの改善／ボトムアップ型の予算作成／条例、ルールおよび規定の強化／年間6カ所のワード清掃事務所建設

2. PPP（官民パートナーシップ）の促進
一次収集業者による一次ゴミ収集の支援／二次収集の民営化／医療廃棄物の収集の開始

3. 市レベルでの啓発活動
クリーンダッカコンテストの開催／ビルボード（大型掲示板）の設置／紙および電子媒体メディアの活用

4. 既存のゴミ収集運搬および最終処分の改善
年間6回の浸出水、騒音、処分場ガスの環境モニタリングの実施／修理工やエンジニアに対する定期的トレーニング／ゴミ収集車両や処分場重機のメンテナンス改善

5. 新しい廃棄物処理システムの検討
ゴミ中継施設と近隣自治体との広域処分場の整備・発展／ゴミ発電などの最新技術導入の検討／国の基準に則した医療・危険廃棄物管理ガイドラインの策定

6. 廃棄物管理機材の最適配置と効率化
地域の実情に合ったゴミ収集車両とコンテナの最適配置／地域の実情を考慮したゴミ収集車両および重機の調達基準の検討／最適なゴミ収集車両および重機の調達基準の決定

7. 3R（Reduce Reuse Recycle）を含めたWBAの拡大
年間6ワードでWBAを開始／各ワード年間1回の住民への啓発プログラムの実施／WBA廃棄物データ報告様式を用いた定期的モニタリング／WBAコアグループ会議およびWBA会議の月例開催／分別収集などの3R活動の導入

8. 作業環境および作業衛生の改善（WBA2の一環）
清掃員および処分場作業員を対象としたワークショップの開催（道路清掃員：5ワード／年、排水清掃員：2ゾーン／年、処分場作業員：1回／年）／定期的な安全具配布と使用徹底（安全具：4カ月毎に1セット／人、救急箱薬品補充：4カ月ごとに1セット／ワード）

【コラム】廃棄物管理事業の実施組織

　開発途上国で廃棄物の仕事をしていると、廃棄物管理はさまざまな形態で行われていることに気が付く。日本でも途上国でも、大きな都市では専門の「廃棄物管理局」のような部署を持っている自治体がほとんどであるが、規模が小さい都市では、福祉課や公園課などがゴミの収集や道路の清掃を担当することが多くなる。また、1つの市で廃棄物管理業務を行うには予算的にも組織的にも負担が大きいので、複数の関連部署が廃棄物管理を実施する組織を共同で作って運営するケースもあある。例えば、パレスチナ・ヨルダン川西岸地区の広域廃棄物処理カウンシル（JICAが支援し設立されたジョルダン渓谷沿いの17の自治体の廃棄物管理事業を担う組織）、日本では一部事務組合などがそうである。

　一般に、都市の廃棄物管理事業を担う実施組織は、都市の発展段階に応じて組織化されていく傾向がある。最初は、自治体の衛生課などが道路の清掃やゴミの収集を行うところから公共サービスが始まる。都市人口が増加し、ゴミの量も増えて、処分場などの施設を運用していく段階に入ると、大型施設の建設は技術部門の部署が担当するようになる。こうして、廃棄物管理事業に次第に技術職員が関わるようになり、独自で処分場（日本では焼却場や処分場など）の建設も行うようになるのである。

　一方、次第に公害規制や環境への配慮が必要になると、国や他の部署などとの対外的な折衝も行える部署が出てきて、循環型社会などの大きな枠組みができ、廃棄物分野の戦略や計画が重要になり、計画策定を担う部署がつくられていくのである。

　また、廃棄物管理事業は民営化も進んでおり、日本やシンガポールなどではゴミの収集だけでなく、近年は清掃工場の運営そのものを委託する例なども増えている。さらに、施設建設には莫大な資金を必要とするため、民間の資金を活用するPFI（Private Finance Initiative）

を国が推進していた時期もあるが、やはり資金調達や回収の難しさもあり、最近はPFIの変形ともいえる形式も増加傾向にある。例えば、建設資金の一部を自治体が出資し、民間業者に設計・建設、運営・維持管理を一括発注するDBO（Design Build Operate）方式など、公設民営的な方法である。

清掃事業を実施している組織の類型化

事業形態の分類	名称の例	例
1.自治体に所属する清掃局（もしくは廃棄物管理局）、清掃部、清掃課が直営で実施	清掃局、環境局、環境政策局、廃棄物対策部、リサイクル推進課等	ジャカルタなど。日本では多くの大都市。
2.自治体に所属する清掃局（もしくは廃棄物管理局）が事業の一部を外部委託	収集、清掃工場の運転委託、埋立地の管理委託など	ハノイなど。日本では中小都市で実施。
3.自治体に所属する組織が兼務	福祉課、衛生課、公園課等が清掃事業を実施	インドネシア中小都市、海外の中小都市に多い。
4.自治体のいくつかの組織が事業に一部を部分的に担当するが1つの清掃局としての組織はない	運輸局、清掃局、技術局、物資購入局が分担して清掃事業を実施	ダッカの清掃局の前身、フィリピンの中都市、海外に多く見受ける。
5.自治体で経営する一部事務組合	工場建設・運営など	パレスチナのヨルダン川西岸地区など。日本では最近、市町村合併で増えている。
6.民営化の推進など	ゴミ処理施設整備運営事業、工場整備・運営など	PFI、DBOなど最近の新しい取り組み。

第5章

この取り組みから学ぶこと

第5章　この取り組みから学ぶこと

プロジェクトの成果

　ダッカの廃棄物管理を改善するための将来計画、クリーンダッカ・マスタープランが策定されたのは2005年。マスタープランの目標年次である2015年に向けて、クリーンダッカ・プロジェクトは試行錯誤を重ねながらも、着々と活動を進めていった。2007年から4年間の予定で開始されたプロジェクトだったが、そこまでの成果が評価され、さらなる廃棄物行政の確立とワード・ベースド・アプローチ（WBA）の促進を目指し、2年間の延長が決定した。そのころには、開発途上国の廃棄物問題に取り組む日本の関係者の間で「アジアに残された最大の懸念」と評されたダッカの町中にも目に見える変化が起きてきた。「クリーンダッカ」の兆しがいたるところで確認されるようになったのだ。

　2008年時点でダッカには525個のゴミ収集用のコンテナがあった。2010年に無償資金協力で供与された45個のコンテナに加えて、ダッカ市が独自にコンテナを製作し、新しいコンテナ195個を壊れた既存コンテナ200個と置き換え、2013年には516個のコンテナが稼働した。一部の地域では、収集方法をコンテナ収集からコンパクター収集に移行したため、不要になったコンテナを不足している地域へ移動することができた。そのおかげで、市全体で見ると住民らがよりコンテナを利用しやすくなり、かつ古く壊れたコンテナを撤去したことで環境が改善された。また、収集車両はもともと約350台が稼働していたが、無償資金協力により100台が追加され、さらにダッカ市が独自で購入したコンパクター32台（うち27台は日本の債務削減相当資金によるアミンバザール新規処分場事業の中で購入した）とオープントラック5台が加わった。2017年現在、そこから故障・廃棄した130台を差し引いた320台が稼働している。コンテナも収集車両も数量的には若干減っているものの、稼働率は向上し、2004年にはゴミ収集量が日量1,400トン、収集率が44パーセントだったのが、2014年には日量3,350トン、65パーセントと大きく改善され、クリーンダッカ・マスタープランで設定された目標値

を2015年の目標年を前に達成された。なお、2017年現在、これまでのダッカ市の廃棄物管理状況の改善と実績を踏まえて、第2弾の無償資金協力が予定されており、2017年度には150台の新しい車両が導入される予定だ。これによって、さらにダッカ市の廃棄物管理体制は強化されることになる。

　無償資金協力でコンパクターが導入された2012年当初、労働条件が厳しくなることを恐れた運転手組合の強い反対もあったため、コンパクターは2トリップ、つまり1日2回、処分場にゴミを運搬することも難しいと考えられていた。しかし、プロジェクトの後半には、夜8時過ぎまで収集作業を行って2トリップを実現する車両も出てきた。これは、運転手と清掃監督員が協力して車両の運用を工夫し、ゴミの収集改善に取り組んだ結果だ。

　一次収集業者は、今もゴミの収集と同時に有価物を回収している。しかし、コンパクターが導入されたことで、ゴミの選別方法が変わっていった。従来は、道路にゴミを広げて選別をしていたが、今では、コンパクターのところにゴミを持ってきた時点で選別が終わっていなければならないため、道路にゴミを広げずに選別するようになった。こうした変化で、それまで道路に散らばっていたゴミがなくなり、周辺の環境が大幅に改善された。ゴミの排出や収集にプラスチック製のポリバケツを使えない地域では、今でも一次収集業者はリキシャバンを使っている。リキシャバンから、コンテナやコンパクターへゴミを積み替えるために、台所で使う金属製の大きなたらいのようなものを使っていたが、作業を急がすと事故につながるということで、一部の地域では一旦道路にマットを敷いて、その上にリキシャバンからゴミを落としてからコンテナやコンパクターにゴミを積み替える方式に切り替えた。彼らのやり方に任せたことで、次第に彼ら自身で安全かつ効率的な方法を編み出していくようになり、安全な積み替え作業が浸透していった。

　もう一つの目立った変化は、自分の住む地域にコンパクターを導入したいと考える住民と、それを推し進める学校の先生や医師、地主といった地

元の有力者がたくさん出現したことだ。コンパクターによる収集の様子を見て、自分たちの地域にも同様の方法を導入したいとダッカ市に陳情したり、ダッカ市が開催した住民説明会で自身の考えや要望を口頭で伝えてきたりと、新しい収集方法に関心を示す有力者が多く出現したことは、プロジェクトの大きな成果だった。これまで、ダッカ市と住民との間でこういった建設的な意見交換が行われることはほとんどなかった。実際にいくつかのワード（区）では、ダッカ市、住民、一次収集業者に加え、地元議員が中心となり、地元の有力者を集めて、住民参加型による廃棄物管理を推進する動きがでてきた。この有力者たちの連合体が発足し、コミュニティでの新しい収集システムの導入に地元住民も巻き込み取り組む流れができてきた。

クリーンダッカ・プロジェクトでは、コミュニティー・ユニット・ワーキング・グループ（CUWG）という単位で組織化を図って廃棄物管理への住民参加を促したが、ダッカ市の支援なくして住民だけでCUWGの活動を継続するのは難しかった。一方、ゴミに対する住民側の意識が高まってくると、ダッカ市が主導して組織化をしなくても、既存の住民組織や地域の住民がまとまってゴミ問題に取り組むようになっていった。プロジェクト終了後も、そういったコミュニティの取り組みは続いている。行政主導ではなく、住民主導の住民組織が自分事としてゴミ問題に取り組むことは、真の意味での住民参加の実現といえるだろう。

運転手組合は、当初、無償資金協力によるコンパクターの導入に反対し、最終処分場の入口にバリケードをつくるなどの抵抗を見せた。石井は技術課長のハスナットとともに、コンパクターを導入する意義を運転手たちに説明した。町をきれいにするために日本政府がこういう協力をしている、社会的にも意義がある活動であることを話したところ、2～3日すると、自分が運転してもよいという運転手たちがハスナットのところにやってきた。運転手組合との関係を心配して大丈夫かと聞くと、それでもやりたいという言葉が返ってきた。それまでは、ゴミ収集車といえばゴミを溢れんばかりに搭載

して町中を走り回り、常にゴミで汚れていて町中の衛生環境や景観を害する要素の一つだったが、コンパクターが導入されてから、自分が乗るコンパクターを自費で洗車する運転手も出てくるなど、大きな変化が見られた。

　コンパクターの導入は単なる車両の供与にとどまらず、ダッカ市の廃棄物管理に携わるさまざまなアクターに変化をもたらし、ダッカ市の生活環境の向上に貢献している。プロジェクトを実施している時には大変なことばかりだったが、こうしてきちんとコンパクターを導入することができ、大きな成果が得られたのは、ワード・ベースド・アプローチ（WBA）でしっかりと受け入れのための下地をつくったことが大きかった。

　また、クリーンダッカ・プロジェクトの大きな成果の一つに、これまでダッカ市があまり交流できていなかったコミュニティとの間に対話が生まれたことが挙げられる。

　2008年1月、それまでゴミの収集サービスが行われていなかった地域で、収集改善に向けた取り組みが始まった。オールドダッカの大きなヒンズー教寺院があるエリアは、それまで、ゴミ収集のサービスが行き届いていなかった。ヒンズー教寺院には約300世帯の信者が共同生活をしており、毎日大量の生ゴミが発生していた。しかし、ダッカ市の収集車が来るわけでもなく、投棄の場所すら決められておらず、ゴミはやむなく近くの空き地に投棄され異臭を放っていた。当初、他の地域でも収集車が不足していた中で、ヒンズーコミュニティにゴミ収集を広げていくという考えはなかった。ダッカ市は問題を認識していたものの、宗教の違いなどからヒンズーコミュニティのゴミ収集を後回しにしていたのだ。

　「ヒンズーコミュニティにまでゴミ収集を広げることで、ゴミ問題だけでなく、ヒンズー教徒が置かれている社会環境そのものを変えることができるに違いない」そう考えた石井は、ダッカ市の職員と一緒にヒンズー教寺院を何度となく訪問し、僧侶らと相談しながらゴミの収集方法を考えていった。結果、200リットル程度のポリバケツを2つ購入し、ここにゴミを入れて出せ

ば、時間通りにダッカ市が収集するということにした。だが当初、寺院側は半信半疑で積極的に協力しようという姿勢は見られなかった。ゴミをポリバケツで出すようになっても時間を守らなかった。それでも粘り強く収集を続けていくうちに、寺院側の対応が大きく変わっていった。約束どおりに市が収集に来てくれることが分かると、相手もそれに合わせてくるようになるものだ。寺院に暮らす約300世帯がきちんとゴミを出すようになると、12個のポリバケツが必要になることが分かり、寺院側が追加で購入してくれた。こうして、定時にヒンズー教寺院にコンパクターが配車されるようになりゴミ収集が軌道に乗ると、不法投棄はなくなった。それまでゴミ捨て場となっていた場所は、地域で活動していたNGOの手できれいな花壇に生まれ変わった。これはとても大きな成果だった。ゴミ収集の改善という課題を通じ、ダッカ市とヒンズー教寺院やヒンズーコミュニティの間に対話が生まれていった。この地域が長年抱えていた社会問題の解決の糸口が見えてきたのだ。

　ヒンズー教寺院同様、ダッカ市は低所得者層の住むスラム地域のゴミも収集していなかった。家屋が密集していて人が横にならないと歩けないくらいの細い通路しかない、昔からスラム地域はゴミ収集をしていない、などがその理由だった。ダッカ市はゴミ収集をしないという状況に何の疑問も持っていなかった。スラム地域の中には大きなゴミ捨て場があるにはあるのだが回収されておらず、また、近くの池にも投棄されたゴミが溢れているなど、衛生環境は極めて悪かった。そこで、定時定点収集を拡大するときには、スラム地域も含めていくことにした。実は、スラムのゴミ収集はマスタープラン調査を実施していた2005年ごろから検討していたが、方法が分からず、それまで実施できていなかった。

　2008年6月にあらためてスラム地域のゴミ収集を開始しようと試みたが、道が狭いため収集車両が入ることができず、他の地域で行われている方法は使えないことが分かった。そこで、何度となく住民集会を開き、この地域にあった一次収集の方法を探った。その結果、小型ポリバケツを使

い、各家庭から車両が入れる道路までゴミを運んでもらうことになった。プロジェクトで小型ポリバケツを300個配布し、トラックに持ってくる時間を決めた。配布したバケツにゴミをためておくと室内を衛生的に保てるので、このバケツは住民たちにとても大切にされた。現在もこの方法は続いている。

　ダッカ市の北地区にあるスラム地域では、また違った収集方法が導入された。ここでも何度となく住民集会を開いた結果、一次収集業者が家々のゴミを集め、スラム地域の道路に面した2カ所で、時間を決めてまとめてゴミを収集するようにした。この際、一次収集業者は、各家からわずかだが収集料金をもらう。この方式を始めた当初、利用者は300軒程度であったが、次第にその数は増え、対象地域も広がり、今日もこうした収集が続けられている。

　このように、クリーンダッカ・プロジェクトは、真正面からは取り組みが難しい、その地域が抱えている貧困や差別といった社会問題に対して、ゴミの収集という課題を通じて結果的に行政とコミュニティの対話を生み出し、解決していった。まさにクリーンダッカ・プロジェクトがもたらしたのは、ゴミ問題を通じたダッカの社会変容だった。

　また、忘れていけないのは、二次収集を担う運転手の変化だ。収集方法の改善、処分場の改善、そしてダッカ市役所の組織改編と、あらゆる場面で運転手組合が障害となって立ちはだかってきた。既得権益という言葉を使いその背景を説明してきたが、彼らにも生活がある。正論が状況を打開するとは限らない。しかし、時間をかけ、彼らの置かれている状況に真剣に向き合えば、状況は少しずつ変わっていくものだ。

　無償資金協力で数種類の収集車両を導入してからしばらくした2010年6月、コンパクターに乗る運転手を配置してもらおうと、石井はダッカ市のマネージャーとともに運転手組合に説明したところ、一人の運転手が来てくれた。後で、協力してくれた運転手に話を聞くと、「こんなきれいな車に乗れてうれしいし、誇りを感じる」と話していた。当初、誰も乗ろうとしなかっ

た埋立地のトラックスケールにも、今ではすべての車両が載ってくれるようになった。運転手のゴミ収集に対する姿勢が、既得権益や運転手組合の圧力を乗り越えて大きく変化していったのである。

　そして、最も重要な変化が「ゴミ収集」から「廃棄物管理」へとダッカ市が課題の捉え方を変えたことだろう。無償資金協力によるコンパクターの導入が一段落したころ、プロジェクトの活動は「廃棄物管理行政」を定着させることに主眼が移っていった。クリーンダッカ・プロジェクトが終了してもこれまでの取り組みが継続され、かつ発展していかなければ意味がない。ダッカ市の清掃局長の任期は3年で、人が変わっても活動がぶれないようにと2008年に最初の「廃棄物管理事業指針」を作成した。また、2012年にその改訂版を作成し、今後の廃棄物管理事業の新たな方向性を示すことができた。

何がプロジェクトを成功に導いたのか

　約15年にわたる日本の協力の中で、ダッカ市の廃棄物管理は大幅に改善された。何がプロジェクトを成功に導いたのだろうか。

　「畳み掛けるような協力の展開」という言葉は、ダッカの廃棄物管理に対する日本の協力を、当時の在バングラデシュ日本大使が評した言葉だ。その言葉どおり、日本の支援は、さまざまな協力を組み合わせた結果が功を奏した部分が非常に大きい。援助関係者の間では、「プロジェクト単位での協力ではなく、必要なプロジェクトを組み合わせたプログラム化による協力を行っていくことが必要」と言われて久しい。それを結果的に具現化したのがダッカの廃棄物管理の取り組みだった。最初の専門家が派遣された2000年には、マスタープラン調査の先の協力は計画されていなかった。しかし、実際に協力を行っていく中で、関係者が「クリーンダッカ」の実現を信じ、そのために必要な取り組みは何かを考え、それを実行するために奔走した結果、重層的な支援が実現した。クリーンダッカ・プロジェ

クトを中心とした多くの活動が、相乗効果を生み出したのだ。

　ダッカの廃棄物管理を改善するための協力は、2000年の短期専門家派遣に端を発し、2003年に開始されたマスタープラン調査で将来のダッカを見据えた廃棄物管理の基本計画を描くところから始まった。その後、2007年から実施されたクリーンダッカ・プロジェクトでは、マスタープラン調査で整理された4つの優先課題「住民参加促進」「収集・運搬改善」「処分場改善」「組織・財務改善」に包括的に取り組んだ。特に、プロジェクトの途中から導入されたワード・ベースド・アプローチ（WBA）の活動で、ワードごとに清掃事務所が設置され、そこを拠点に廃棄物管理への住民参加が促進され、現場レベルでの収集改善が進んだ。また、長い交渉の末、ダッカ市に廃棄物管理を一元的に所管する廃棄物管理局が設置されたことも大きい。

　他方、こうした技術協力と併せて、4つの優先課題の解決に向けに向けて、さまざまなスキームが投入された。

　優先課題となっていた「処分場改善」に対する取り組みとして、2005～2009年にかけて債務削減相当資金を活用して改善されたマトワイル処分場は、野積みのゴミ山から衛生的に管理された施設へと生まれ変わった。同じく衛生処分場として新たに建設されたアミンバザール処分場とともに、周辺環境への負荷を激減させるインパクトがあった。処分場の改善事業や維持管理に対しては、マスタープラン調査やクリーンダッカ・プロジェクトで指導や助言を行ったが、バングラデシュの予算を使って自分たちの力で衛生的な処分場を完成させた自信が、廃棄物管理に取り組むダッカ市職員の姿勢に変化をもたらした。

　また、2006年からは継続的にJICAボランティアが派遣された。青年海外協力隊による小学校での環境教育の取り組み、地域社会を巻き込んだ清掃活動やキャンペーンは、ダッカの社会における環境への意識の高まりを印象付け、優先課題の「住民参加促進」に向けた取り組みの進展に

大きく貢献した。また、2012年にダッカ市の技術局に派遣されたシニア海外ボランティアは、無償資金協力で導入されたコンパクターをはじめとするゴミ収集車両の整備技術を指導するなど、適切に維持、管理、運営するための体制と能力の強化を図った。こうした活動は、優先課題「収集・運搬改善」を補強するものとなった。

　さらに、この「収集・運搬改善」を大きく前進させ、「クリーンダッカ」に向けた取り組み全体に大きなインパクトをもたらしたのが、2010年に無償資金協力で導入されたコンパクターだった。プロジェクトで取り組んだ「住民参加促進」と連動して地域の習慣に合った形で投入・運用されたことで、ダッカ市の廃棄物管理と町の景色は一変した。また、収集車両の一部の燃料が、ガソリンではなく天然ガス（CNG）という転売困難なエネルギーだったため、結果的に既得権益にもメスを入れることになった。

　家庭から排出される廃棄物とは別に、ダッカでは医療廃棄物の収集と適切な処理が課題となっていたが、マスタープラン調査やクリーンダッカ・プロジェクトでは対応できていなかった。そこで、2006年に草の根無償資金協力によって現地のNGOの活動を支援することで、市内の病院から医療廃棄物を収集し適切に処理する仕組みを整備した。同じNGOへの草の根無償資金協力は2012年にも実施され、さらなる収集・処理能力の向上に貢献し、優先課題の「収集・運搬改善」の幅を広げることにつながった。

　このような協力のプログラム化が可能となった理由の一つは、「ODAタスクフォース」の存在だ。バングラデシュのODAタスクフォースは、その先進的な取り組みから「バングラデシュモデル」と呼ばれていた。日本大使館、JICA事務所、JBIC事務所、JETRO事務所など日本の政府開発援助（ODA）に関連する組織で構成され、原則、すべてのODA対象国に設置されている。その目的は、相手国に対する援助政策の議論や相手国政府との政策協議をオールジャパン体制で行い、さらには他の援助機関、現地で活躍する日本企業やNGOとODAとの連携強化を図ること

にある。バングラデシュのODAタスクフォースは、運輸交通、都市環境、保健医療、教育、民間セクターなどの分野ごとの議論や活動も活発だ。各分野にそれぞれの組織の担当者がおり、日常的にコミュニケーションを図っていた。ダッカの廃棄物管理に対する協力についても、JICA以外のODAタスクフォースの関係者と進捗と課題を共有していたため、次の展開について組織を超えて議論できる土壌があった。

眞田は、ODAタスクフォースのメンバーにダッカの廃棄物管理の現状を理解してもらおうと、「ダッカ廃棄物ツアー」と銘打った現場視察を企画した。ダッカで生活をしていても、自分たちが出したゴミがどこでどのように収集され処分されているのか、知っている人は少ない。ダッカ廃棄物ツアーは、ダッカ市の協力を得て、ゴミの排出、収集、運搬、処分場、リサイクルなどの現場を見て回り、ゴミ問題の現状を理解してもらえるコースになっていた。また、日本からやってくる政府関係者、学生のスタディツアー、

クリーンダッカに向けた日本の支援

ODAモニター、青年海外協力隊など、さまざまな来訪者のためにもダッカ廃棄物ツアーを実施した。ダッカの廃棄物管理の現状と日本の協力を多くの人に見てもらい、意見をもらうことで、協力の在り方について考える機会となった。こうした組織の垣根を越えた、ダッカのゴミ問題への共通理解は、オールジャパンとして一丸となった協力の展開に弾みをつけた。

　ダッカの廃棄物管理に対する協力では、プロジェクトの形成時には想定できなかった状況が多く発生したが、それらを乗り越え、「クリーンダッカ」を実現するために、多くの工夫と柔軟な判断がなされた。プロジェクトで当初計画された活動を行うだけでは、ダッカ市に廃棄物管理を根付かせることはできないのではないかという見解が出てきた時、当初計画と異なる方法を提案することは、勇気が必要な行動だった。なぜなら、その計画をつくった専門家チーム自身の力量を問われる可能性があるからである。しかし、専門家チームはこの状況を乗り越えるためJICAとも議論を尽くし、WBAという新しいアプローチを導入することにした。この柔軟な方向転換により、ダッカ市のさまざまな部署の職員や、ダッカ市と住民との間に対話と連携が生まれた。さらに無償資金協力で供与された収集車両が、住民参加型の廃棄物管理が大きく前進させることになった。

　ダッカ市の廃棄物管理に対する協力の中で、一貫して重視してきたのが、「Learning by doing ＝ 実践を通じて学ぶこと」だった。ダッカで適切な廃棄物管理を継続していくためには、ダッカ市の職員をはじめとした関係者の能力開発が重要である。対象地域も関係者も多いプロジェクトだったため、専門家チームはどのようにたくさんの関係者に廃棄物管理を理解してもらうかを考えた。クリーンダッカ・プロジェクトが開始された当初は、関係者を対象としたさまざまなトレーニングを実施して、一人一人の能力開発シートに能力向上の履歴を記録するという計画だった。しかし、石井や岡本は、プロジェクト開始からしばらくダッカ市の職員と仕事をしてみて、トレーニングで廃棄物管理事業の仕組みや考え方を身に付けてもらうことは

難しいと感じた。それより、ダッカ市の職員たちが活動の中心になり、経験や失敗をしながら身をもって学べるような活動や仕組みを作った方がいいのではないか、と考えるようになった。いわゆる、ソーシャルラーニングの考え方である。これが人材育成で大きな成果を収めることができた一つの要因だったことは間違いない。

　WBAの現場は、まさに経験や失敗に学ぶ場となった。特に清掃監督員たちは、清掃事務所を中心としたワード単位の廃棄物管理を実践しながら、廃棄物管理とは何かを学んだ。彼らは、現場の活動のリーダーとして積極的に活動に取り組み、清掃事務所長としての誇りが芽生えていった。彼らは次第に自信を深め、自ら考え、清掃員を指導し、事務所に届く住民の苦情に応え、一次収集業者の対応にも当たった。まさに、実践を通して学び、成長していったのだ。この彼らの成長は、住民、一次収集業者、ダッカ市がお互いを理解する関係づくりに大いに貢献し、ゴミ収集を

石井（写真右端）に清掃員への指導について説明する清掃監督員のモタレブ（写真中央）
写真：谷本美加／JICA（2008年撮影）

改善する原動力となった。

　ダッカ市の幹部には、廃棄物管理行政の進め方を一緒に考え、文章に落とし込む作業の中で学んでもらった。今後数年間の廃棄物管理事業の方向性を決める「事業指針」の作成、上位官庁が所管している廃棄物に関わる法律を具体的に実施するための「事業実施細則」の作成が、まさにその機会となった。

技術協力の可能性

　開発途上国の課題を真の意味で解決につなげていくのは、外から来た外国人の専門家ではなく、そこに住む人々である。正直、2000年に短期専門家が派遣され、開発調査が開始される段階では、ここまでの大きな取り組みになるとは誰も予想していなかっただろう。本気でダッカ市のゴミ問題を解決していくためには、ポイ捨て禁止から始まる社会の意識改革、住民のゴミの出し方、ダッカ市の廃棄物管理の在り方、ダッカ市と住民の関係性そのものを変えていく必要があった。

　国際機関や他ドナーの技術協力は、行政の制度を支援したり、機材を供与したり、コミュニティの活動を行うNGOを支援したりと、問題解決の方向性や方法を示すにとどまることが多い。しかし、クリーンダッカ・プロジェクトは外から支援するのではなく、自分たちも同じテーブルで議論し、同じ現場に立ち、一緒に悩み、旧体制や抵抗勢力との争いも辞さず真正面から渡り合った。そして、こちらが本気で組織の体制や業務の方法を変えていこうとしていることが分かると、相手はようやく自分のこととして真剣に考え始め、同時に抵抗勢力も現れた。ダッカの廃棄物管理の取り組みは、痛みを伴う変化を日本人の専門家がダッカ市の職員や住民と一緒に乗り越えていくところに、日本の技術協力「らしさ」があることを改めて示している。

　バングラデシュの関係者からよく言われたのは、「日本人は偉そうにしない」「日本人は一緒に悩み汗を流して考える」ということだった。一生懸

命に取り組む専門家やJICA職員の姿勢がダッカ市の関係者や住民までを巻き込み、「クリーンダッカ」はいつしか皆の共通の夢となり、志となった。こうした相手側と目線を合わせた協力の形は、日本人ならではの感覚といえるかもしれない。
　また、「クリーンダッカ」に向けた取り組みの中には、廃棄物管理事業に対する「日本の経験」が随所に見られる。ダッカのプロジェクトには「東京ゴミ戦争」から行政と住民、清掃関係者が学んだことが生かされているのだ。住民と行政の連携、清掃事務所の設置、「事業指針」と「事業実施細則」に基づく行政運営などもそうである。世界でも有数の大都市である東京は、世界でも有数のきれいな都市だ。廃棄物管理行政がこれほど機能している都市はないといっても過言ではない。自ら公共サービスを作り上げてきた経験は、日本が開発途上国に対して提供できる価値あるノウハウとなる。もっとも、これは廃棄物管理に限ったことではない。上下水道、電気といった公共サービス全般に当てはまることだろう。日本の公共サービスの質の高さは、どれをとっても世界に誇れるものだ。
　ここに日本の技術協力が持つ最大の可能性がある。
　今、多くの開発途上国は戦後日本が歩んできた道を辿っている。日本はこの半世紀、失敗も含め、さまざまな経験を経て今日の社会を築いてきた。あるいは、少子高齢化など、今後、先進国も含めた多くの国が相対するであろう課題にどこよりも早く取り組み、乗り越えていかなければならい状況にある。これらすべてが、日本の技術協力の「種」になる。ダッカの廃棄物への取り組みをあらためて振り返ってみると、そう思えてならない。

エピローグ

2003年のマスタープラン調査から本格的に始まったJICAの協力は、2013年2月にクリーンダッカ・プロジェクト（延長）が終了したことで、一旦節目を迎えた。それから現在まで、ダッカの廃棄物管理に関して、いくつかの新しい動きや数字が出てきている。第5章で十分には触れられていなかった部分も含め、いくつか紹介したいと思う。

　当初、どこでどのくらいのゴミが出ているのか、その量さえつかめていなかったダッカ市だったが、ゴミの収集量と収集率は大幅に向上し、町中に投棄されるゴミは、明らかに少なくなった。さらに、これまでのダッカ市の廃棄物管理の改善と実績を踏まえて、2017年度内に第二弾の無償資金協力として150台のゴミ収集車両を導入する予定だ。これによって、ダッカ市の廃棄物の収集能力はさらに強化されることになる。先に無償資金協力で供与され、車体をピンクとグリーンで塗装された収集車両は、ダッカ市民に愛され、今では町の風景に溶け込んでいるという。また最近は、ゴミの二次収集を一部、民間企業が担うようになるなど、日本の廃棄物行政同様、ダッカ市は民間の力を活用して、さらに収集能力を高めていこうとしている。

　オープンダンピングで目を覆うばかりの埋立地だったマトワイル処分場は、おそらく南アジアではナンバー1であろう衛生埋立処分場へと生まれ変わった。約20メートルの高さまでゴミを積み上げたところで埋め立てを終了し、最終覆土が施され、今は公園のようになった。時折、女性が散歩している光景を目にする。北西には新しいアミンバザール処分場が完成し稼働している。巨大なゴミの不法投棄場となっていたベリバンド埋立地は閉鎖され、その近くにダッカ市の清掃員のコロニー（居住地）が誕生した。清掃員のコロニーは、1つの町のようになっており、トイレなどの衛生施設も整備されている。

　ダッカの各地にできたワード（区）清掃事務所では、住民の信頼を獲得した清掃監督員が颯爽と働いている。交通量が多く危険なVIP道路（市

内の幹線道路）では、清掃員が4人グループをつくり、安全を確認しながら作業を続けている。一方で、プロジェクトで配布した安全具をつけて作業をしている清掃員もいるが、つけていない作業員もまだおり、安全意識を徹底するためにはまだ時間を要するかもしれない。

ダッカ市廃棄物管理局の技術職員の数名は、廃棄物管理や環境について学びたいと、日本や韓国に留学した。土木工学の中でも土質や構造などエンジニヤリング分野が重視される風潮があるバングラデシュにあって、廃棄物管理や環境などに関心を持って取り組もうという人材が増えてきたことは、今後のダッカ市にとって大きな財産となるだろう。

ダッカ市は、2012年に北ダッカ市と南ダッカ市に分割されたが、クリーンダッカ・プロジェクトで取り組んだ廃棄物行政の考え方は両市に引き継がれている。今は、南北両市に廃棄物管理局が設置され、ほとんどのポストに人員が配置されているという。

バングラデシュが急速に経済発展を遂げたと同時に、こうした廃棄物問題への取り組みがあったこと、ダッカ市の人々が日本の専門家とともに汗を流して取り組んだドラマがあったことは、あまり報じられることはない。町中がゴミだらけだったダッカは、ダッカ市職員の努力と、心あるダッカ市民の協力と、JICA専門家らの粘り強い努力で、"クリーンダッカ"に生まれ変わりつつある。

資 料

対談：石井明男 × 岡本純子

対談:プロジェクトの命運を分けた「コンパクター導入」
石井明男 × 岡本純子

地域すべての住民の協力を取り付けねばならない

石井:ダッカで初めてのコンパクターを導入するとき、どのように導入すればいいのか悩みました。収集形態が定時定点収集に変わるので、住民の協力が必要なことは分かっていましたが、具体的にどのように協力してもらうのか、一次収集業者をどのように取り込んでいくか、岡本さんとたくさん議論をしましたね。例えば、モタレブが担当するワード36で新しい収集方法を検討する時に、彼は住民との会議で率先して収集地点や収集ルートを決めていきました。清掃監督員と住民の気持ちが一つにならないと会議は進みません。住民も、会議へ参加すること自体には何のインセンティブもないのに、その会議自体の意義を認めて粘り強く話し合ってくれました。

岡本:このプロジェクトでの住民啓発や住民参加は、つまるところ、収集改善のためにやっているようなところがあって、住民に対しては、ダッカの廃棄物管理事業全体を分かってもらえるような説明会もしました。日本であれば、何曜日に、何のゴミを、何時までに出してくださいと住民にお知らせすれば、ほとんどの住民がそのルールに従ってゴミを分別し、指定された場所に指定された方法で出してくれます。ダッカでは、一次収集業者が各家庭まで毎日ゴミを集めに来るか、好きな時間にダストビンやコンテナにゴミを持っていくか、そうでなければ道路や空き地にゴミを捨ててしまうのが普通でした。住民に対して、急に決められた時間に決められた場所までゴミを出しに来てくださいと言っても、こちらが一方的に正しくルールに従ってゴミを出すのが住民の責任ですと訴えても、うまくいかないでしょう。廃

棄物管理で重要なこと、また難しいことは、一部の住民の協力を得るだけでは不十分で、地域のすべての住民の協力を得なくてはならないことです。

　そこで試みたのが、住民参加型の廃棄物管理です。地域の住民組織の代表やキーパーソンに集まってもらい、まずは清掃監督員が、ゴミ排出から収集、処分までの廃棄物管理の仕組みを説明し、住民とダッカ市の両方に責任があることを説明しました。そして、地域のゴミの問題を話し合い、より衛生的で町をきれいに保つことができる定時定点収集を始めることにしました。収集ルート、収集点、収集時間も、清掃監督員と住民が話し合って決めました。清掃監督員は、収集ルールを書いたビラを、建物1軒1軒まわって配ったり、スピーカーで正しいゴミ出しを呼び掛けたりするキャンペーンを、地元の住民組織や地域の子どもたちと一緒に行いました。住民は、コミュニティ・ユニット・ワーキング・グループ（CUWG）をつくり、清掃監督員とCUWGのメンバーは頻繁に連絡を取って協力し合いました。

石井：最初はコンパクターではなく、オープントラックを使って定時定点収集を始めましたね。

岡本：問題は住民のゴミの出し方だけでなく、市のトラック側にもありました。住民がせっかくゴミを出しに来ても、決められた時間にトラックが来なければ、住民は次第に市を信頼しなくなり、協力してくれなくなります。そのため、清掃監督員は最大限の努力をして、市の運輸局やドライバーに働きかけ、トラックが時間通りに指定の場所に来るようにしました。CUWGは新しい収集方法をモニタリングし、ゴミの出し方に問題があれば住民に呼び掛けるなどの対応をしました。その後、このトラックを使った定時定点収集の取り組みは、無償資金協力で導入されたコンパクターを使ったものに替わっていったわけ

です。
石井：新聞記者たちが多く住む地域（ジャーナリストコロニー）にコンパクターを導入することを検討していた時、夜にその地域に通い、住民のコンセンサスを得ようとしたことがありました。でも、最後まで地域の住民が一枚岩になることはなく、意見がまとまらなかったことが印象的でした。

岡本：あの頃はまだ、コンパクターの導入のごく初期の段階で、試行錯誤しながら取り組んでいた時期でした。結局、ジャーナリストコロニー内に対立があって、コンパクターの導入は政治的に扱われてしまいました。住民組織間の対立や政治問題は、ダッカではよくあることです。あの組織が推進しているから協力しない、あの政党が推進しているから協力しない、ということが起こりがちです。地域のすべての住民の協力を得なければならないという命題がある中で、対立する住民組織をどのように取り扱い、どう巻き込んでいくかは、清掃監督員の手腕にも関わってきますが、非常に大きなテーマでした。私はマスタープラン調査時の経験から、地域のすべての組織やキーパーソンを把握することにしました。一部の組織や特定のキーパーソンだけで進めるのではなく、すべての住民組織を同じように巻き込んでいくためです。

ゴミ出しは住民の責任、収集は市の責任

石井：ワード53にある高級官僚の住む地域で、コンパクターを導入しポリバケツを使った定時定点収集を実施するために説明会を開いたことがありました。最初のポリバケツはプロジェクトで用意するけれど、これが壊れたら皆さんに買ってもらうと言ったところ、住民たちの反対にあいました。ここでも岡本さんや清掃監督員たちがとても上手に説明してくれて助かりました。

岡本：高級官僚は意識が高い人たちですから、夜遅くまで話し合いをするなど、熱心に取り組んでくれました。しかし、われわれに対しては、まずはあれが必要これが必要と訴えてきました。得てして開発途上国の官僚は、外から援助を引き出すことが仕事であったり、評価されるポイントになっていたりする場合があります。そのためか、最初だけでなく、ポリバケツが壊れた場合でも新しいものを提供してほしいと強く主張してきました。スラム地区であれば、ポリバケツを買うお金を出せない住民もいるでしょう。ですが、高級官僚がポリバケツを買うくらいのお金を持っていないはずはありません。説明にあたった清掃監督員は、「ゴミ出しは住民の責任であり、ダッカ市はゴミを収集する責任がある」と説明しました。JICAやダッカ市が今後ずっとポリバケツを提供することも、すべての市民にポリバケツを提供することもできません。地域をきれいに保つためには、住民一人一人の小さな貢献が必要であると説いたのです。最終的には、住民が自分たちで使うポリバケツを用意してゴミをきちんと出し、それを継続していくことが大事だと分かってもらえました。

　収集方法を改善していく中で、最初の試験的な導入に必要な最小限のポリバケツなどを住民に提供する際には細心の注意を払いました。本来は、時間をかけて住民に自分たちの役割を理解してもらい、最初から必要な用具を住民自身で用意してもらうことが、住民主体の活動として位置付けるために重要だと考えたからです。ただ単に用具を配って新しい収集方法を導入しても、住民の意識とやる気がなければ用具が壊れた時点で終わりです。

石井：コンパクターを入れると、どうしてもそれまでの一次収集の方法とマッチしなくなり、下手をするとコンパクターが排除されかねません。ここが一番のネックでした。そこで、ダンモンディ地域（ワード49）で岡本さんが、一次収集業者に対してポリバケツを使った収集実

験をすることを提案してくれました。2人で毎日ダンモンディ地域に行き、一次収集業者と実験を重ねましたが、あの時はすごいなと思いました。

岡本：いろんな地区で経験を積んでいたので、この実験はうまくいくと思っていました。ワード36で定時定点収集の試行導入に成功しましたが、その理由の一つとして、地区が中層の集合住宅街であり、各建物で雇われた清掃員が家庭や事務所からゴミを集めて収集場所まで持って来ていた、ということが挙げられます。コンパクターが近くまでゴミを集めに来てくれることは、ゴミを運ぶ清掃員の仕事が楽になって助かるはずだと思いました。一方、ダンモンディ地域は低層から中層の高級住宅街であり、一次収集業者がゴミを収集していました。住民は他の地域に比べて高い料金を一次収集業者に払っていますし、所得の高い家庭から出るゴミには多くの有価物が入っています。つまり、一次収集は実入りの多い商売として成り立っていたのです。このような高級住宅街のあちこちにコンテナを置くことは嫌がられるため、コンテナはダンモンディ地域の公園沿いの道路に12個もまとめて置かれていました。このような住宅街で、コンパクターが街路を順番にまわって定時定点収集を始めたら、一次収集業者もコンテナもいらなくなります。高級住宅街では集合住宅ごとに雇っている警備員や清掃員がいるので、時間が来たらポリバケツを住宅前の道路脇に出してもらうことは、それほど難しくはありません。ゴミをそのままリキシャバンに積むよりも衛生的ですし、公園脇の12個のコンテナもなくなります。

石井：とはいえ、すでに商売をしている一次収集業者がいる地域で、ダッカ市が一次収集業者を排除するような収集方法を導入することは簡単にはできませんね。一次収集業者は地元の有力者や政治家との関係も強く、彼らは地域のキーパーソンでもあります。一次収

集というのは、住民が町をきれいにしたいという意識から生まれ、商売としても成り立つためにダッカで普及し、定着してきた方法なのです。住民集会を開催し、一次収集業者なしのコンパクターによる定時定点収集についても話し合いましたが、その方法を住民が積極的に推進することはありませんでした。

岡本：そこで一次収集業者とコンパクターの両方を生かした収集方法を探るため、一次収集業者がポリバケツをリキシャバンに積んでゴミを収集し、収集地点まで持っていくという方法を実験してみたわけです。収集地点は12個のコンテナが並んでいる公園脇です。ポリバケツを使って、トラックに直接ゴミを積み込みますが、将来はトラックに替えてコンパクターに積み込むことを想定した実験でした。この実験では、多くの問題が確認されました。まず、対象地域内の住宅からゴミを集めるには何十個ものポリバケツが必要になりますが、これを保管しておく場所がないこと、リキシャバンに積んだポリバケツがゴミで満杯になると収集地点に置きに行き、またゴミ収集に戻らなければならず一次収集業者にとって作業効率が悪いこと、トラックが来るまで道に多くのポリバケツが放置されることになり、追加で見張りの人を雇わなければ盗まれてしまうこと、集めたゴミをポリバケツに入れると有価物の回収が効率的にできないこと、そもそもポリバケツを購入する負担が大きいことなどです。

　もちろん、プロジェクトを進めていく中でポリバケツとコンパクターを組み合わせた方法が上手く機能した地域も多いのですが、すでに一次収集サービスが行き届いている地域には馴染みませんでした。このような地域では、一次収集業者がリキシャバンでゴミを集め、コンテナのあった場所までゴミを運んできて、リキシャバンからコンパクターにゴミを積み替えるという方法が合っていました。そして、最終的に12個のコンテナが公園脇から消えたことは、この地域の環

境や景観にとって大きな変化でした。

あきらめずに議論を続けていくことが大切
石井：そうでしたね。行政サイドが収集形態を変えるということは、住民にゴミの出し方を変えてもらうということです。地域の環境や条件に合致したものでなければ、住民の理解は得にくいと思っていました。

岡本：一方的にダッカ市から収集ルールを押しつけても、うまくはいかないですね。住民の理解が得られれば、ワード36のようにわりとすんなり新しい収集方法が受け入れられるということも分かりました。地域社会の構造や住民の慣習を十分に理解し、住民組織や地元の有力者を巻き込んで進めていくことにより、ダッカ市だけでなく、住民も積極的に新しい収集方法の導入に貢献してくれました。それぞれの地域に一次収集業者が根付いてきた歴史と社会的背景がありますので、彼らの関与によって収集がうまくいっている地域では、彼らと共存する収集方法でないと受け入れられませんでした。

　無償資金協力によって35台のコンパクターが導入された収集エリアは、ダッカ市のほんの一部です。コンパクターが住民に受け入れられ、もっとコンパクターの台数も増えてくれば、将来的には一次収集をなくしていこうという動きが出てくるかもしれません。一次収集業者による収集は、ダッカ市のある時代においては画期的な解決方法でしたが、これからは変わっていくかもしれません。

石井：民間収集業者、リサイクル業者、清掃員組合、ドライバー組合、政治家、そして市役所と、さまざまな関係者の利害関係が絡んでいるので、少しテコ入れすることにも抵抗がありますし、抜本的に改革しようとすると、それこそ大きな抵抗が起こります。例えばコンパクターの導入は運転手組合の既得権の構造を崩すことになるため、大きな反対が起こりました。ですが、最終的には反対があっ

たことがうそのように受け入れられるようになりました。変化の理由をダッカ市の職員に聞くと、日本の無償資金協力で導入された収集車両がすぐにフル稼働しない状況の改善を求める住民の声が新聞記事に何度か掲載されたようです。無償資金協力の車両は、最初にコンパクターが全部稼働し、そして大型コンテナ車も全部動きました。しかし45台のコンテナキャリアは運転手組合の抵抗でなかなか動きませんでした。しかし、徐々に市民の目が廃棄物管理に向くようになり、ダッカ市に圧力がかかるようになりました。そしてダッカ市が動きました。ダッカ市と共に取り組んだクリーンダッカ・プロジェクトが、ダッカ市民の意識に変化をもたらし、結果、それがダッカ市の廃棄物行政を動かす原動力となっていきました。そのころになると、無償資金協力で導入された収集車両の中でも、それまで誰も見たことがなかったコンパクターの映像がテレビで度々流れ、新聞記事でも廃棄物管理について取り上げられるようになっていきました。それに伴い、ダッカ市の廃棄物管理を担当する職員が、現場でさらに生き生きと仕事をするようになりました。コンパクターの導入は、廃棄物管理に対するダッカ市とダッカの市民社会に変容をもたらす、大きなきっかけになったのです。

あとがき

　ダッカの廃棄物管理支援に関わった専門家やJICAの担当者が集まり、「クリーンダッカの取り組みを本という形で残したい」と話し合ったのは、4年以上前のことだ。急速な変化を続ける開発途上国では、ゴミはその時代の人々の生活スタイルや習慣を反映し、ゴミの種類も量もゴミの出し方も違ってくる。廃棄物管理の仕組みをつくっていくためには、社会、習慣、宗教、組織、住民と行政の関係、住民一人一人の意識など、社会全体を変えていく必要がある。「クリーンダッカ」に向けた取り組みでは、試行錯誤の中で、バングラデシュやダッカという社会の歴史や慣習や文化、住民の潜在能力に着目し、技術的な解決だけに糸口を求めずに、社会的な視点からも解決方法を探りながら進めてきたほか、社会の変化や住民の意識の変化を見据えて、問題を解決する仕掛けを考えた。また、プロジェクトの現場で繰り広げられる専門家チームの試行錯誤に加えて、JICAの関わりと判断が、協力の方向性を大きく変えていった。

　一連の「クリーンダッカ」の取り組みは、ダッカ市の廃棄物管理に関わる職員だけでなく、住民、一次収集業者、大学の関係者、地元の議員など、多くの関係者から信頼を得ることになった。そして関係者の意識が大きく変わった。ダッカ市の清掃監督員の中には、「クリーンダッカ・プロジェクトに関わったことで、廃棄物管理という仕事に対する意識や考え方はもちろん、人生観までも変わった」と語る者もいる。プロジェクトの後半では、関係者の情熱が、ダッカ市の廃棄物管理の変革の推進力となり、逆に専門家チームを勇気付けてくれた。

　こうしたダッカの関係者、専門家チーム、JICAが試行錯誤しながら少し

ずつ前に進む過程や住民らの変化は、プロジェクトの公式な報告書にはあまり記載されない。しかし、こうした過程の中に、日本の技術協力の姿勢があり、特徴があり、可能性があると信じ、記録に残すことが重要だと考え本書を執筆することになった。また、ダッカでの試行錯誤は、他の開発途上国での廃棄物管理支援の参考になるものだと思う。また、技術協力の現場での専門家やJICA職員の仕事の一端を紹介することで、国際協力に関心を持つ若い読者にこの仕事の内容ややりがいを伝えられたら、これほど嬉しいことはない。

　本書は、ダッカの廃棄物管理の取り組みに関わった専門家や当時のJICA関係者へのヒヤリングをもとに、内容によってはそれぞれの専門家に文章を書いてもらい、石井と眞田がとりまとめたものだ。そのため、筆者は石井と眞田の2名となっているが、実際には多くの関係者の力によって完成したのが本書である。石井は、今も廃棄物の専門家として多くの途上国を飛び回る日々を過ごしており、眞田もJICA本部で多くのプロジェクトを担当しているため、執筆作業は平日の業務後と休日に行った。限られた時間の中で、ヒヤリングや参考図書の範囲は限定的となり、すべての出来事やすべての関係者にヒヤリングすることはできなかった。実際にダッカの廃棄物管理に関わった関係者は、本書に登場する関係者よりもはるかに多く、本書には登場していない関係者の試行錯誤や努力、熱い思いというものもあったことに触れておきたい。また、キャパシティ・デベロップメントの過程の分析も十分には行えなかった。それらは大変残念であり、別

の機会に新たな知見や経験が取りまとめられ、ダッカの廃棄物に関する記録が充実していくことを期待したい。また、本書の内容についてご意見やご批判いただき、今後の糧としていきたい。

　ダッカのマスタープラン調査団およびクリーンダッカ・プロジェクトの専門家チーム、特に、原稿の執筆に協力し本書にも登場する岡本純子氏、阿部浩氏、齋藤正浩氏、荒井隆俊氏、モハマード・リアド氏、バングラデシュやダッカの歴史に関する調査を踏まえて執筆に協力くださった有限会社ネフカの大迫正弘氏に心より感謝申し上げたい。また、長年、現地の専門家としてダッカの廃棄物管理に取り組み、今でもダッカ市をサポートし続けているショリフ・アラム氏には、現地から多くの情報をいただいた。また、本書の作成に当たり、多くのJICA関係者からいただいた暖かいご支援に改めて御礼申し上げたい。

　最後に、本書執筆中（2016年7月）に起きたバングラデシュのテロ事件において、国際協力に携わってきた7人の同志の死に哀悼の意をささげるとともに、バングラデシュの早期の安定と力強い繁栄を心よりお祈りする。

　　2017年7月

　　　　　　　　　　　　　　　　　　　　　　　　　　　石井明男

　　　　　　　　　　　　　　　　　　　　　　　　　　　眞田明子

年表

年	プロジェクト関連の出来事	バングラデシュ国内
1971		12月 バングラデシュ独立
1983		8月 DCC令78条により、ダッカ市が清掃サービスの責任主体となる
1988		アジア開発銀行がDhaka Urban Infrastructure Improvement Project(1988-1997)を開始
1992		環境政策（Environmental Policy 1992)制定
1995		環境保護法、環境保護規則（1997）制定 国家環境保護行動計画（NEMAP）が策定され、国家保全戦略（National Conservation Strategy）が提唱される
2000	3月〜8月 ダッカ市の廃棄物の課題把握と案件形成のための短期専門家派遣	
2002	2月 プラスチックゴミ削減のため、ダッカ市長令でポリ袋の生産と使用を禁止	
2003	7月 「ダッカ市廃棄物管理計画策定調査」（マスタープラン調査）事前調査実施 11月 「マスタープラン調査」開始、石井明男他調査団が現地入り	
2005	2月 眞田（当時は旧姓の武士俣）がJICAバングラデシュ事務所に赴任 3月 クリーンダッカ・マスタープランが完成 4月 マスタープラン調査フェーズ3開始（〜2006年3月） 10月 マトワイル処分場改善事業開始（債務削減相当資金〜2007年9月）	
2006	3月 第一回バングラデシュ廃棄物会議の開催（ダッカ、ボリシャル、チッタゴン、クルナ、ラジャヒ、シレットの5市が参加） マスタープラン調査フェーズ3が終了 5月 クリーンダッカ・デイの開催 6月 青年海外協力隊員（環境教育）2名がダッカ市に派遣 8月 ダッカ市の医療廃棄物の収集・処理事業に対して、草の根無償資金協力の実施決定 10月 「ダッカ市廃棄物管理能力強化プロジェクト」（クリーンダッカ・プロジェクト）の事前調査実施	10月 バングラデシュ政府に選挙管理内閣が発足
2007	2月 クリーンダッカ・プロジェクト開始（〜2011.2）、石井、リヤド、岡本、齋藤等専門家チームが現地入り 6月 ワード・ベースド・アプローチ（WBA）の議論開始 9月 マトワイル処分場の改善工事が完了 10月 マトワイル処分場の衛生埋立処分場、開所式 12月 清掃員向け安全衛生作業マニュアルが完成	1月 政党間対立が激化し国内情勢が悪化。非常事態宣言。新しい選挙管理内閣が発足
2008	1月 WBAの活動をワード36とワード76で開始、その後他のワードにも活動拡大 インドでの第三国在外研修を実施	

年	プロジェクト関連の出来事	バングラデシュ国内
2008	2月 第二回バングラデシュ廃棄物会議 6月 清掃員向けの第一回ワークショップ開催 8月 環境プログラム無償資金協力の事前調査実施 　　ダッカ市廃棄物管理局の設立が正式決定 9月 アミンバザール処分場建設事業開始(債務削減相当資金) 　　ベトナムでの第三国研修を実施 10月 本邦研修を実施 　　定時定点収集の開始	12月 総選挙実施、前野党のアワミ連盟が大勝
2009	2月 環境プログラム無償資金協力の正式合意(100台の車両供与、車両修理工場建設) 3月 第三回バングラデシュ廃棄物会議開催 7月 「ダッカ市清掃事業指針」策定 　　アミンバザール処分場の完成	1月 アワミ新政権(第二期)発足
2010	3月 WBAの業務がDCCの通常業務として条例化 7月 無償資金協力の車両がダッカ市に到着 8月 コンパクター導入	1月 アジア開発銀行がダッカ市含む7都市を対象としたUrban Public and Environmental Health Sector Developmentを開始。廃棄物分野の支援も含む(～2014年12月)
2011	1月 「住民参加型廃棄物ガイドライン」を正式承認 8月 クリーンダッカ・プロジェクトの延長期間が開始(～2013.3) 12月 専門家チーム(石井、荒井、岡本他)が現地入り 　　ダッカ市が北ダッカ市、南ダッカ市に分割	
2012	2月 インドネシアでの第三国研修を実施 5月 ダッカ市でインド製コンパクター5台購入、アミンバザルプロジェクト(債務削減相当資金)27台のコンテナキャリアを購入 　　JOCVと共同で清掃活動を実施 　　ダッカ市による優良運転手の表彰制度が開始 　　ダッカ市職員がダッカ大学で廃棄物管理に関する特別講習を実施 11月 「ダッカ市清掃事業指針」を改定 　　排水清掃員対象の安全衛生ワークショップを開催開始 12月 マトワイル処分場で浸出水処理に化学処理の導入 　　スーダンと南スーダンからの研修生がダッカ市の廃棄物管理を視察	
2013	1月 法律・条例を解説した「ダッカ市清掃事業実施細目(案)」が完成 2月 クリーンダッカ・プロジェクトが終了	
2014	5月 「ダッカ廃棄物プロジェクト」が一般社団法人海外コンサルティング企業協会(ECFA)50周年記念海外コンサルティング功労賞プロジェクト表彰を受賞	1月 総選挙(野党BNPは選挙をボイコット)、アワミ政権(第三期)発足
2015	2月 機材整備調査(無償)準備調査実施(チッタゴン、北ダッカ市、南ダッカ市へのゴミ収集用機材供与) 　　埋め立て地不足のために、広域処理の検討開始	

参考文献・資料

【書籍・文献】
石井明男[2010]、「ダッカ市の廃棄物処理改善と能力開発への取り組み」『月刊下水道』.
――――・速水章一[2010]、「清掃事業を実施する組織の形態と変遷」、廃棄物資源循環学会.
――――[2013]、『JICA技術支援プロジェクトにおけるダッカ廃棄物支援』、海外環境協力センター.
――――[2016]、「南スーダンで行われた廃棄物事業」『生活と環境2』、Vol.61. No.7.
伊藤好一[1982]、『江戸の夢の島』、吉川弘文館.
稲村光郎[2015]、『ごみと日本人』、ミネルヴァ書房.
大迫正弘・石井明男[2016]、「開発途上国の都市部の廃棄物管理－収集・運搬の地域的統合化モデル」『廃棄物資源循環学会論文誌』、Vol.27.
紀田順一郎[1990]、『東京の下層社会』、新潮社.
篠田隆[1995]、『インド清掃人カーストの研究』、春秋社.
柴田徳衛[1961]、『日本の清掃問題－ゴミと便所の経済学』、東京大学出版会.
東京都資源回収事業協同組合[1970]、『東資協20年史』.
東京都清掃局[1961]、『Henry Liebman 氏の対談及び講演の記録』(非売品).
――――[1975]、『東京都のごみ対策の基本的ありかた』(非売品).
――――[1995]、『東京ごみ白書』、東京都.
――――[2000]、『東京都清掃事業百年史』、東京都環境公社.
――――技術係長会[2000]、『東京都の清掃技術－その原点を語る－』(非売品).
都市センター[1969]、『経済変貌と清掃事業』、都市センター.
廃棄物学会ごみ文化研究会他[2006]、『ごみの文化屎尿の文化』、技法堂出版.
溝入茂[1988]、『ごみの百年史』、学芸書林.
――――[2007]、『明治日本のごみ対策』、リサイクル文化社.
三宅博之[2008]、『バングラデシュ・ダカ　持続可能な社会の希求』、明石書店.
茂木耕三[1960]、『清掃物語』、都市政策研究会.
横山源之助[1949]、『日本の下層社会(1898年)』、岩波文庫.
ロバートチェンバース[2005]、『参加型開発と国際協力』、明石書店.

【報告書・その他】
石井明男[2008]、「パレスチナヨルダン川西岸廃棄物管理能力向上プロジェクトのPR(行政広報)の経緯－現地政府、自治体、住民とどのような合意形成を取っていったか」、廃棄物資源循環学会、ごみ文化研究部会報告書.
――――・岡本純子・原尚生他[2009]、「最少行政区域を単位とした清掃事業改善」、廃棄物資源循環学会研究発表会.
――――・荒井隆俊・モハマードリアド他[2011]、「地域住民の慣習、民間収集業者の業務と協調しながらのダッカ市の収集改善の取り組みについて」、廃棄物資源循環学

会研究発表会.
岡本純子・石井明男・久保田尚子他[2011],「居住地単位のコミュニティという概念がほとんどないダッカ市での住民参加型廃棄物管理の導入について」,廃棄物資源循環学会研究発表会.
眞田明子[2011],「海外の廃棄物事情 国際協力機構(JICA)による開発途上国における廃棄物管理分野の支援(第8回)廃棄物管理におけるインフォーマル・セクターの内部化」.
東京都清掃局[1963],『東京都北清掃工場設置に関する協定書』.
吉田充夫[2009],「海外の廃棄物事情 国際協力機構(JICA)による開発途上国における廃棄物管理分野の支援−協力アプローチとプロジェクトの現場から(第1回)バングラデシュ・ダッカ市の廃棄物処理体制づくり支援」.
――――・高畑高志・石井明男・森田昭[2009],「日本の3R経験を海外にいかに伝えるか」,廃棄物資源循環学会研究発表会,ごみ文化研究部会小集会,パネルディスカッション.
JICA[2010],『JICAパレスチナ国ジェリコ及びヨルダン渓谷における廃棄物管理能力向上プロジェクト総括改善報告書』.
――――[2013],『JICAバングラデシュ国ダッカ市廃棄物管理能力強化プロジェクト(延長)プロジェクト完了報告書』.
――――[2014],『JICA南スーダン共和国ジュバ市廃棄物管理能力強化プロジェクトプロジェクト完了報告書』.

※本書に関連する写真・資料の一部は,独立行政法人国際協力機構(JICA)のホームページ「JICAプロジェクト・ヒストリー・ミュージアム」で閲覧できます。
URLはこちら:
https://libportal.jica.go.jp/library/public/ProjectHistory/Dhakawaste/Dhakawaste-p.html

略語一覧

ADB	Asian Development Bank（アジア開発銀行）
BOD	Biochemical Oxygen Demand（生物化学的酸素要求量）
CEO	Chief Executive Officer（首席行政官）
CNG	Compressed Natural Gas（圧縮天然ガス）
CUWG	Community Unit Working Group（コミュニティ・ユニット・ワーキング・グループ）
JBIC	Japan Bank For International Cooperation（国際協力銀行）
JETRO	Japan External Trade Organization（日本貿易振興機構）
JICA	Japan International Cooperation Agency（国際協力機構）
JOCV	Japan Overseas Cooperation Volunteers（青年海外協力隊）
NGO	Non-Governmental Organization（非政府組織）
ODA	Official Development Assistance（政府開発援助）
UNDP	United Nations Development Programme（国連開発計画）
WBA	Ward Based Approach（ワード・ベースド・アプローチ）
WMD	Waste Management Department（廃棄物管理局）

[著者]

石井　明男 (いしい　あきお)

大学および大学院にてシステム工学、通信工学を学ぶ。工学修士。1977年東京都に入都、清掃局に配属。以後、1988年下水道局、1992年から1995年JICA専門家としてインドネシア公共事業省に派遣、1995年東京都清掃局を経て2000年に退職。現在、八千代エンジニヤリング㈱国際事業本部に在籍し、開発途上国の廃棄物管理の改善にかかわる。主な著書に「江戸・東京下水道のはなし」（共著）。「トイレ考・屎尿考」（共著）、「ごみの文化、屎尿の文化」（共著）などがある。

眞田　明子 (旧姓：武士俣) (さなだ　あきこ)

大学および大学院にて土木工学（特に交通計画）を学ぶ。工学修士（計画建設学）。2002年旧国際協力事業団（JICA）入団。以後、都市環境インフラ関連の援助実務に従事し、バングラデシュ駐在の3年7カ月間に、都市環境、運輸・交通、防災等の分野を担当する。ロンドン大学にて修士号取得（MSc. Environment and Sustainable Development）。以後、環境管理、気候変動、都市開発、交通計画等の事業を担当。現在、JICA社会基盤・平和構築部都市・地域開発グループ企画役。

クリーンダッカ・プロジェクト

ゴミ問題への取り組みがもたらした社会変容の記録

2017年7月31日　第1刷発行

著　者：石井明男・眞田明子
発行所：佐伯印刷株式会社　出版事業部
　　　　〒151-0051 東京都渋谷区千駄ヶ谷5-29-7
　　　　TEL 03-5368-4301
　　　　FAX 03-5368-4380

編集・印刷・製本：佐伯印刷株式会社

ISBN978-4-905428-73-2　Printed in Japan
落丁・乱丁はお取り替えいたします